U0050074

森林遊樂學
Forest Recreation Management
楊知義 / 著

王 序

我們想到森林，就會想到大自然的模樣。人類來自自然大地，因為人是塵土造的。聖經創世紀二章七節說：耶和華神用地上的塵土造人，將生命之氣吹在他鼻孔裡，他就成為有靈的活人，名叫亞當。

人來自塵土，還要歸於塵土。生老病死，離開世界時，不管用什麼方法處理我們的遺體，最後都將與塵土合一，回歸大自然。楊博士所著《森林遊樂學》使我想到樹木茂盛的山林，這是典型的大自然，是我們將來要回歸的地方。現在能先去多遊覽幾次，熟悉一下環境也是蠻不錯的。

我今年83歲，再過十年93歲，應該可以回歸大自然了。但是人在離開世界之前，是否都能平安無疾的躺下呢？難上加難。世界上自然死的人，只2.5%。其他的人都是經過許多苦難煎熬才倒下的。在倒下之前，如果能夠讓他們安享餘年，以最少的痛苦方式離開，該是最大的愛心善舉。

我和妻子蘇老師及好友創辦了六個慈善基金會，其中兩個是關心老年人的基金會，分別是「無子西瓜基金會」及「天使居長照財團法人」。所謂天使居就是一般所稱的老人院，但老人院不好聽，容易聯想到是去等死的地方。我們稱天使居，是指進住的長者，居住在裡面都能像天使一樣的快樂。他們從進住到往生，我們全部都負責。

現在台灣平均壽命已達81.3歲，2018年65歲以上老年人口為14.05%已是高齡社會，估計2025年將邁入超高齡社會。老人問題的解決已刻不容緩。為了老年人及我們自己的未來，我們都不能不立思解決之道，

為楊博士的大著《森林遊樂學》寫序，怎麼又扯到老人問題去了呢？只是因為老人問題有其急迫性，天使居構想確實是好主意，我們第一所天使居已在新北市林口建造了，再過一年就可讓老人進住。但是杯水車薪，尤其土地十分昂貴。

因此請楊博士及關心老人的朋友，大家想一想，可否在森林遊樂區，廣建天使居。讓老人們提早，並有更多的時間，居住在最寶貴的森林遊樂區，安享餘年，這是何其美好的事！倘若這件美事，能因楊博士的大著，天使居受到國人關注，能在森林遊樂區廣建起來，楊博士的著書辛苦就值回票價了！

楊知義博士的這本大著，實際上是一本既通俗又專業的書。做學問專研的人可以看，一般對森林遊樂有興趣的人也可以看，真是老少咸宜。希望這本書，能帶領台灣的森林遊樂更上層樓。

王建煊 謹誌

於新北市林口

自 序

台灣的公營森林遊樂區分布於全島，屬於行政院農業委員會林務局管轄的「國家森林遊樂區」共有十八處，教育部轄屬國立大學實驗林管理處與退除役官兵輔導委員會榮民森林保育事業管理處經營管理的森林遊樂區各有兩處，擔負著國際觀光旅遊、國民旅遊與自然生態資源戶外教育的重要角色。

「森林遊樂」是自然資源導向的遊樂活動機會，如果不能在環境保護與保育原則下經營管理森林遊樂區，很容易造成國土動植物生態資源與自然環境難以回復的永久性傷害。本專業書籍的內容主要在介紹森林區資源具有的遊樂價值，並闡述政府應如何藉由場域設置、開發、興建及永續經營管理森林遊樂區，以提供社會大眾共享森林遊樂的價值。全文透過篇、章、節所構建成的流程為——森林資源與遊樂價值概述、森林遊樂區行政主管機關的開發與興建、遊樂活動與設施的永續營運與遊客群體的服務管理。

本專書出版之目的是希望傳達給觀光旅遊管理與森林資源經營學門的莘莘學子們一個嶄新專業之系統化知識，期待大家能於大學畢業後，在未來職業生涯中添加一分工作助力並共同努力一起達成「走入台灣森林、享受遊樂人生」的森林遊樂使命與願景。

楊知義 謹誌

於銘傳大學2021/08/01

目　錄

導　讀

本書共分三篇十四章，第一篇為森林遊樂概觀，包括人類社會森林遊樂發展概述，森林遊樂區的場域設置、規劃、開發、興建、營運、環境清潔維護，遊樂基地的環境衝擊、危險與野火管理，政府部門在公營森林遊樂區管理單位的行政管理結構與行政及人員組織管理的工作內容，主要在幫助讀者認識人類社會開發森林資源與利用森林區從事遊樂活動的景象。

第二篇講述森林遊樂資源開發的設施與活動管理，內容包括森林地區適合開發的基本遊樂活動與硬體設施單元，如登山、健行、溯溪、賞景、探索與發現的步道或小路，野餐、露營、遊山玩水、兒童遊戲與體驗自然的活動區，及營運離峰季節期間彈性舉辦的林業文化遊樂活動與創意遊樂機會。本篇主要目的是讓同學們知道如何利用森林遊樂資源開發設施與遊樂活動，及熟悉森林遊樂區管理單位供應的遊樂活動商品內容。

第三篇為森林遊樂區的遊客服務與管理，內容包括工作服務禮節、遊樂區傳達訊息與解說服務、遊客遊樂使用衝突管理與遊客接待作業管理，目的在幫助讀者瞭解森林遊樂區日常營運時管理人員接待遊客的工作業務。

第一篇　森林遊樂概觀

本篇主要在闡釋人類社會森林遊樂的發展沿革、場域設置、遊樂區開發與經營管理的工作內容，共分為五章。第一章的內容包括森林資源的利用沿革、森林區的遊樂價值與可供人類體驗享樂的遊樂活動機會；第二章說明如何依據國家法律規章進行設置森林遊樂區並完成規劃、土地取得、開發、興建與經營管理的環境清潔例行性工作；第三章講述森林遊樂區營運作業中重要的基地管理工作，如自然環境衝擊、危險與野火管理；第四章為森林遊樂區經營管理機關（單位）的公共行政與人員組織管理業務概述；第五章講述森林遊樂區各種功能類型設施的開發與維護管理。

森林遊樂發展概述

學習重點

- 知道人類如何利用森林資源（forest resources）及參與森林遊樂活動（forest recreation activities）
- 瞭解參與森林遊樂之活動機會與效益（recreation opportunities and benefits）
- 認識森林遊樂經營管理的專業人員（professional staffs）工作與服務（works & services）內容
- 熟悉森林遊樂之專業知識與一些可資運用之遊樂資源與服務管理的方法（techniques）

第一節　森林區自然資源的類型與價值

一、前言

森林是很多種生物的棲息地（habitats），所以森林區存在著多樣的物種生態，自然呈現出生機盎然的景象。森林的林型與林相組成了森林遊樂的主體結構，而地被植生、野生動物、土地與水資源則鑲嵌其間形成值得鑑賞、探索與發現（appreciate, explore, & discover）的美麗素材，至於瀰漫充塞於森林內外的大氣層與氣象變化則更是與人類生命結合的重要因子，這些資源對於人類社會的價值是我們在推廣森林遊樂工作時所必須知道的。

二、森林區自然資源的類型與樣態

森林區自然資源的主要類型可以區分為植生（vegetation）、野生動物（wildlife）、水體（water）、空氣（air）與土壤（soil）等五種，其樣態說明如下：

1.植生：喬木（針葉與闊葉樹）、灌木與地被植物（草與苔蘚）。
2.野生動物：哺乳類、昆蟲、鳥類與爬蟲類動物。
3.水體：池塘、湖泊、瀑布、溪流與礦泉（溫泉與冷泉）。
4.空氣：天候、日月星象／辰、溫度與降水（雨霧、霜雪與冰雹）。
5.土壤：地理、地形起伏與地層地質變化。

三、森林區自然與人文資源的價值

森林區內含的自然與人文資源對人類社會的價值說明如下：

1.生物多樣性[1]的價值。

2.野生動物最佳棲息地的價值。

3.水源涵養（watershed）與水質保護的價值。

4.清新優良空氣品質的價值。

5.林業主、副產物[2]、醫藥與園藝作物等的價值。

6.科學研究與戶外教育的價值。

7.歷史與文化藝術資源的價值。

8.提供寧靜、神秘、清幽與孤獨感情境的價值。

9.陶冶個人性靈（情）的價值。

10.象徵意義（symbolic meaning）的價值。

11.稀有性（rarity）與獨特性（uniqueness）的價值。

12.其他的價值（如固碳功能[3]、動植物生態穩定功能）。

四、森林價值與人類生活之關係

森林價值與人類生活關係密切，說明如下：

第一，森林中有四季不同變化之植物，也有繁複多樣之動物種類，物種相態千變萬化，各異其趣，這些屬於大自然的神奇（nature wonders）豐富了人類的生活（**圖1-1**）。

第二，森林植物能散發出各種類的芬多精（phytoncide），有益於人體健康。

有關芬多精對於身體的效益詳述於下：

---

[1] 生物多樣性（biodiversity）是指所有不同種類的生命，生活在一個地球上，其相互交替、影響，令地球生態得到平衡。

[2] 樹皮、樹脂、種實、落枝、樹葉、竹葉、灌藤、竹筍、草、菌類及其他非主產物之林產物。

[3] 所謂固碳（carbon sequestration），也叫碳封存。固碳方法總體分為人工固碳減排與自然植被固碳兩部分。植物的固碳作用，在葉綠體中發生，葉綠體內的酵素，利用光合作用反應所產生的能量把二氧化碳轉換成碳水化合物。

圖1-1　森林的價值豐富了人類的生活

圖片來源：引用自楊秋霖。

1.芬多精是西元1980年由蘇聯Toknh博士與日本神山惠山博士所發現，是一種由森林植物散發出的揮發性物質（林務局台灣山林悠遊網，2017/10/20）。芬多精又稱為植物精氣，經由植物的葉、幹、花所散發出來的，是植物為防止有害細菌侵入，從自體內所散發出的自衛香氣，具有抑制空氣中細菌及黴菌生長的功用。

2.不同樹種的芬多精可殺死不同的病菌，對人體具有消炎殺菌、鎮定情緒、預防氣管疾病等功效。

3.森林區各種植物散發出的芬多精功效如下：

(1)松、柳杉：白喉桿菌、預防血管硬化及氣喘。

(2)冷杉：金黃色葡萄球菌、百日咳桿菌、白喉桿菌。

(3)檜木：鎮靜、止咳、消炎等。

(4)櫟樹（橡木）：變形蟲（阿米巴）、結核菌、白喉桿菌、滴蟲類等。

(5)杜鵑：金黃色葡萄球菌、百日咳桿菌。

(6)桉樹[4]：流行性感冒病毒、化痰、防蟲等。

---

[4] 通稱桉樹、尤加利樹，精油對治療感冒、咳嗽和其他呼吸道疾病有效。

(7)樟樹：殺菌、殺蟲等。

第三，森林區迷漫許多陰離子（anion或negative ion），有益遊客身體健康。陰離子的健康效益說明於下：

1.帶正電荷的原子叫做陽離子，帶負電荷的原子叫做陰離子或稱負離子。陰離子又稱「空氣維他命」，藉由瀑布、溪水、噴泉的四濺水花，植物光合作用製造的新鮮氧氣，以及太陽的紫外線等，均能產生「陰離子」。
2.從健康角度分析，陰離子對人體有淨化血液、活化細胞、增強免疫力、調整自律神經，以及消除失眠、頭痛、焦慮、預防血管硬化等好處。
3.自然環境中的樹林、山村鄉間、花園、瀑布、噴泉等空氣新鮮潔淨地區，空氣中的陰離子含量相對較多（**表1-1**）。

表1-1　自然環境中場所別陰離子含量

環境類別	陰離子量（單位：個／立方公分）
市區室內	30～70
市區街道	80～150
郊外	200～300
山野	700～800
森林區	1,000～2,200
人體需要量	700

資料來源：作者提供。

第四，森林區空氣清新氧氣含量高，利於形成身心療癒的環境。

植物藉葉綠體的光合作用[5]釋放氧氣，空氣中含氧量高有助於獲得迷漫的各種負離子而成為負氧離子（negative oxygen ions），負氧離子對環

[5] 葉綠體在陽光的作用下，把經由氣孔進入葉子內部的二氧化碳與由根部吸收的水轉變成為葡萄糖，同時釋放出氧氣，化學式為 $12H_2O + 6CO_2$ -hv →（與葉綠素產生化學作用）$C_6H_{12}O_6$（葡萄醣）$+ 6O_2 + 6H_2O$

境汙染改善及人體的好處如下：

1.可以淨化空氣：可以去除甲醛／揮發性有機化合物（VOC）等有害氣體、除病菌、去異味、PM2.5、粉塵（dust）、煙霧（smog）等，使我們呼吸順暢身體舒適。

2.對人體的健康作用：改善肺功能、心肌功能、促進血液循環、新陳代謝、緩解呼吸道疾病、增強機體抗病能力；對大腦、心臟、呼吸以及抗氧化、抗衰老都有很大的改善作用。

第五，森林環境能陶冶性靈（cultivating temperament）並激發創意。

森林環境清幽，適合從事「冥想」（contemplation）[6]活動，大自然千變萬化，遊客處在如此神奇情境中，能陶冶其性靈、激發創意（**圖1-2**）。

圖1-2　森林區神奇情境能陶冶性靈激發創意

圖片來源：引用自楊秋霖。

---

[6] 希臘哲人亞理士多德（Aristotélēs）將休閒區分為三個等級：遊玩（amusement）、遊樂（recreation）與冥想。

第二節　森林遊樂在森林資源多目標利用中的角色

一、森林資源的多目標利用

人類社會對森林資源之需要與利用成為森林的多目標利用（multiple-purposes use）功能，這些目標包括：林業生產（forestry production）、生態保育（ecological conservation）、國土保安（homelands security）、國民保健（national health）、自然教育（natural education）、陶冶性靈、環境綠化（environmental afforestation）與森林遊樂等八個項目，分別說明如下（**圖1-3**）。

(一)林業（木材）生產

木材為林業主產物，對於人類生活起著很大的支持作用。根據木材不同的性質特徵，人們將它們用於不同途徑，例如燃料及建築用的材料。一般常將木材分類為軟木（softwood）和硬木（hardwood），由松柏

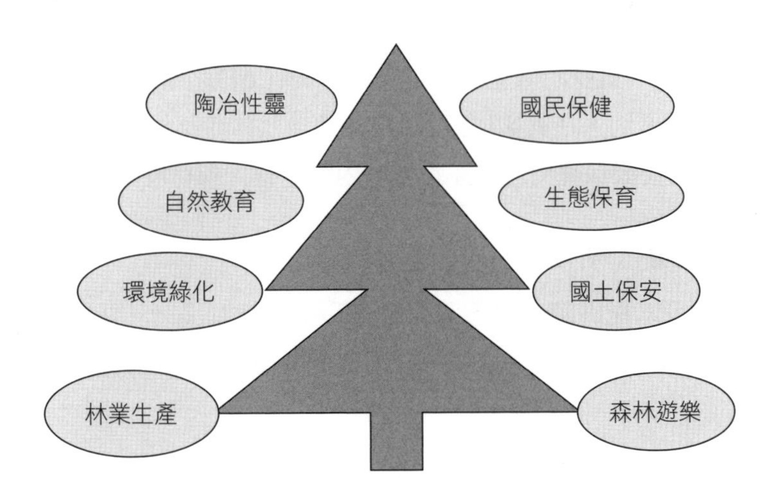

圖1-3　森林資源多目標利用

圖片來源：作者繪製。

類針葉樹植物製造的木材，因為材質較軟，稱為軟木，由雙子葉植物闊葉樹製造的木材，因為內含較高成分（27%）的木質素（lignin）[7]，材質較硬，稱為硬木。

(二)生態保育（集水區涵養水源）

森林涵養水源的功能可從林地有利於水分進入土壤層及增進土壤之保水能力兩個方面說明，林木之樹冠及地面枯枝落葉層可有效地消減雨滴打擊地表之能量，減少飛濺沖蝕，使地表保持最佳鬆軟狀況，有助雨水滲入土壤層。

(三)國土保安

河川、溪流與水庫的泥砂災害，大部分與上游集水區的崩塌和沖蝕有關。森林覆蓋能防止表面沖蝕、穩定坡面、減低泥砂和洪水為害下游的程度，確保國土安全。

(四)國民（休養）保健

森林保健意指活用森林環境、維持強健體魄的自然療法，藉由大自然的療癒[8]力量，讓身心產生新的能量。南韓（朝鮮）將森林「休養」和「療養」加以區別，在其國內設置有158處自然休養林供遊樂體驗用，41處療養林作為醫療保健用途，並在場域內配置有「森林療養指導師」。

(五)自然教育（研習）

森林區可以提供遊客完善遊客服務和生態教育場所，認識台灣豐富的生態，拜訪山川河谷四季之美，探索自然萬物的奧秘與類別，是一個最好的戶外教育場域。

---

[7] 木質素在細胞壁的形成中是特別重要的，特別是在木材和樹皮中，因為它們賦予剛性並且不容易腐爛，具疏水性。

[8] 英文為 therapy，在日本用 healing 一字。

(六)陶冶性靈（維持生物多樣性）

森林生態系是由森林生物及其所生存之環境所構成，不僅是維持物種和基因多樣性所不可或缺的，更為生物棲息地與人類生活圈提供水土保安、養分循環、調節氣候、淨化環境、生產可再生資源等重要服務，而大自然的神奇現象更能孕育出秉性善良的人性。

(七)環境綠化（改善空汙）

森林和樹木儲存碳有助於緩解周邊地區的氣候變化，森林綠地的生態系服務對於都市居民更包括去除空氣汙染物、改善微氣候等，還提供給野生動物重要的棲息覓食環境，讓森林為人們帶來更大的效益。

(八)森林遊樂

在森林中漫步，在步道裡做森林浴，沉浸於大自然的芬多精中，周圍還有各式各樣的小動物陪伴著我們，這些萬物就有如森林裡的小精靈。雲霧、日出、日落的景緻，更是不可錯過的氣象景觀，動態的瀑布和溪流還可以製造有益遊客身體健康的負離子，這些都是森林區範圍內可以享受的遊樂活動。

二、森林遊樂在森林資源利用之角色

台灣處於熱帶與亞熱帶氣候區交界，因地形陡峭造成海拔高之差異，植物群落（plant association/ vegetation communities）形成具有熱帶林、亞熱帶林、暖帶林、溫帶林與寒帶林之複雜林相。依據西元2014年底完成之第四次台灣森林資源及土地利用調查報告[9]資料，全島林地面積為218.6萬公頃，占全島總面積358.8萬公頃之60.9%。若以地籍資料估算，國有林約184.7萬公頃（92.7%）、公有林約0.6公頃（0.3%）、私有林約

[9] 農委會林務局執行本計畫。

13.6萬公頃（6.8%）。

《森林法》第17條明定森林區域內得設置森林遊樂區，復依其子法《森林遊樂區設置管理辦法》第2條規定，森林遊樂區係指在森林區域內，為景觀保護、森林生態保育與提供遊客從事生態旅遊、休閒、育樂活動、環境教育及自然體驗等而設置。換言之，森林遊樂區主要是以環境保育、教育與自然遊樂體驗為其內涵。

三、森林遊樂在森林資源利用之意義

(一)人類與自然共存共榮

在森林遊樂區原有解說系統下（自然資源陳列、解說牌標誌、解說志工、生態旅遊活動等），導入專業人力，系統性地發展課程方案，塑造優質之自然環境教育場所、深化活動體驗功能，以「師法自然、快樂學習」為目標，提供民眾在真實的自然環境中快樂學習與森林有關的自然、人文及歷史知識。

(二)保育森林且善用森林

台灣擁有豐富且珍貴的山林景觀及生態資源，3,000公尺以上高山逾200座，為保育森林與善用森林，原住民社區參與步道之整建維護，並培訓步道周遭社區生態環境、文史解說人員承接多元化遊程，如工作假期（working holiday）及導遊解說（guide & interpretation），結合山村聚落文化及產業，促進自然環境與地區居民和遊客之相互成長及山村產業發展。

(三)發揮森林的環境效益

森林的環境改進效果，不僅僅局限在當地的集水區與鄰近都市社區的範圍。森林遊樂區維護與培育森林，具有吸收日照緩和氣溫、吸濾隔絕噪音與汙染物質、淨化空氣等功效，這些綠色效應愈來愈受大眾肯定，進入山林地區，可享受森林浴、欣賞森林奇特景觀、聆聽鳥語蟲鳴，這是森林所發揮的特殊功效，是一般都會地區的人為建造公園所無法替代的。

第三節　森林遊樂區的遊樂資源開發與遊客管理之沿革

一、森林遊樂區的設置與開發沿革

(一)遊樂土地的開發與管理沿革

遊樂土地的開發管理始於人類社會封建時期，早期英國皇室貴族建立御用森林圍場[10]供狩獵遊樂，歐洲文藝復興（Renaissance）時期宮廷花園（formal gardens）盛行，從義大利南部向北吹起，知名的有奧地利的香布侖夏宮花園（Palace and Gardens of Schönbrunn）與法國的凡爾賽宮花園（Jardins du Château de Versailles），美國殖民時期有波士頓綠地公園（Boston Common）的設立，建國後從黃石國家公園（Yellowstone National Park）、紐約市中央公園（Central Park）、波士頓沙園（The Sand Box）與各地的動、植物園的建立，發展出現代人類社會文明遊樂利用的狀況（**圖1-4**）。

隨著時間推移，休憩專業知識與倫理標準逐漸地建立，遊樂土地開發與經營管理的成果形成了現代社會各種類型遊樂場域，而有了商業遊憩的高度、保育永續經營的深度，以及各式各樣的休閒遊憩及娛樂場域開發建立的廣度之遊樂發展概念（**圖1-5**）。

(二)森林遊樂區建置設立緣由及角色

1.森林遊樂源於人類對森林資源之多目標利用。

2.森林區因擁有對人類生命有益（價值）的資源特性，故吸引遊客前

---

[10]在古代亦稱獵苑。

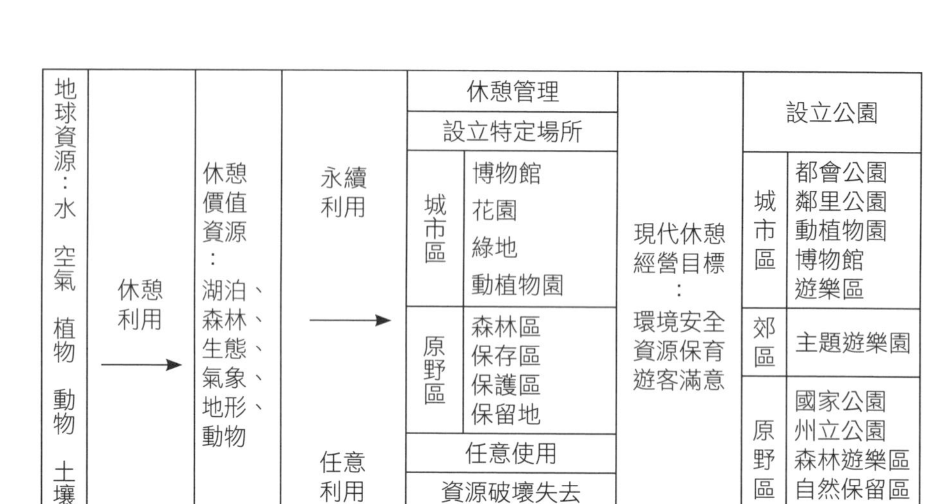

圖1-4　遊樂土地開發管理之發展沿革

圖片來源：作者繪製。

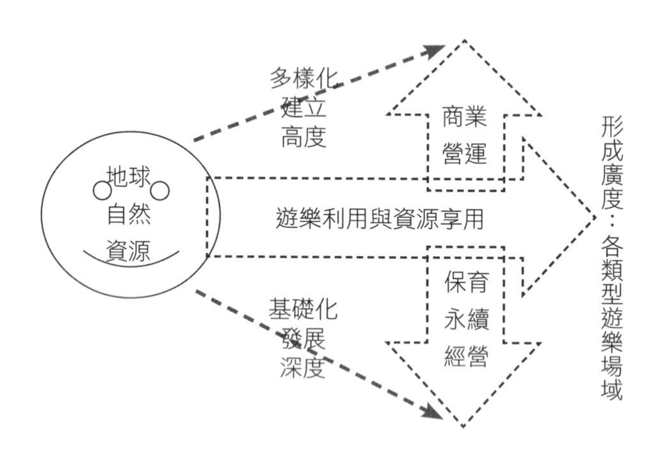

圖1-5　遊樂土地開發與管理之發展概念

圖片來源：作者繪製。

往從事遊樂活動，為確保永續遊樂效益，於是有設立森林遊樂區之倡議與實施，在實務經驗累積後並逐漸建立森林遊樂經營管理系統化知識。

(三)森林遊樂區之概念

為提供遊客從事遊樂活動及享樂環境所設立之森林土地或水域區，並成立專職單位負責園區經營管理的工作。

(四)森林遊樂區之開發

森林遊樂區設置作業[11]之開發流程為：

1.規劃（planning）：森林遊樂區選址評估（資源清查）定案後完成綱要與細部規劃計畫書（master & detail plan）。

2.土地取得（land acquisition）：依計畫書完成森林遊樂區基地範圍內土地所有或使用權的取得。

3.開發與興建（development & construction）：依據環保、水保、建築等法令規章的行政作業程序進行，包含開發與興建兩個程序（procedures）。

4.營運管理（operations management）：森林遊樂區正式營運後的經營與管理。

二、森林遊樂區之經營管理與工作內容

(一)森林遊樂區經營管理的方法或工具

森林遊樂區的經營管理工作非常繁複，供管理者使用的方法／工具（techniques）大致可以歸納成八項，管理單位團隊能分別運用在遊樂資源與遊客管理的服務工作項目中，說明如下：

1.遊樂土地使用分區或劃分不同使用帶。

2.發展設施。

3.環境改善與景觀管理。

[11] 依據《森林法》第 17 條及《森林遊樂區設立管理辦法》第 2、3 條。

4.制定管理規則。

5.利用公關及群眾參與。

6.解說。

7.維護。

8.研究。

(二)遊樂資源經營與管理

1.開發遊樂設施與維護管理：如開發建築物設施、日間／夜間活動區設施與支持性公共設施。設施啟用後，維護工作定時化及制度化是維繫遊樂品質的方法。安排訓練有素的人力使用維護良好之裝備去值勤是有效維護工作的保證。

2.環境清潔與維護管理：清潔維護管理的工作內容，包括垃圾、廢棄物及汙水處理作業。

3.環境衝擊、危險與野火管理：環境衝擊管理的項目內容，包括熟悉森林遊樂區環境生態特性及基本組成，認識遊樂活動與遊客行為對環境之衝擊，應用管理措施／方案減少衝擊程度及加速復舊。清查森林遊樂區內天然危險（溪河漩渦、激流、山地懸崖）、人為危險（廢棄水井、破屋廢墟、地表坑洞）、動植物危險（毒蜂、毒蛇、咬人貓、咬人狗），依遊客特性區分危險程度隔絕、排除或設立警告標示。野火管理的工作包括預防野火之發生與撲滅野火行動之執行。

(三)遊客服務與管理之主要工作內容

1.禮節與傳送訊息服務：服務遊客時避免不禮貌情況且展現出良好的遣詞用字、聲音語調、站立走路姿勢、面部表情與手勢使用。傳送訊息時要熟知園區內外有益遊客之訊息、懂得運用傳訊媒體及做有效的遊客報怨處理。

2.保全及安全服務：工作內容包括遊客緊急事件處理、搜救與後送

（search, rescue, and recovery）作業。

3.執行管理規定服務（law enforcement）：化解遊客使用衝突管理、維持森林遊樂區內公共秩序及遊樂環境之平和、預防違法及犯罪之發生、意外事件調查與掌握強制執行狀況。

4.解說服務：包括瞭解解說之目的及基本原則、認識一些解說的方式及內容、知道解說媒體的種類、建立解說計畫之規劃及執行的概念。

5.行政作業服務：安排團體參訪行程與隨行解說人員、預訂散客住宿與餐飲等服務。

第四節　森林遊樂區的管理人員工作執行與服務態度

一、森林遊樂區管理工作的執行

(一)駐站（固定地點）值勤（station duty）

1.服務台、管理中心、遊客中心、解說中心、急救站。

2.露營地管理站、入口區收費站。

(二)巡查（移動路線）值勤（patrol duty）

1.著園區工作制服明查（**圖1-6**）。

2.著居家個人便服暗訪。

二、森林遊樂區管理人員的工作服務態度

管理人員的工作認知，包括熟知一般園區遊客的特性與執勤時保持正面的個人服務態度，說明如下：

圖1-6　管理員穿著工作制服明查執勤

圖片來源：Sharpe (1983). *Park Management*.

(一)一般遊客特性

1.從事森林遊樂活動之前的準備不足，興之所至，即刻成行。

2.缺乏自然資源知識，在無環境保育概念的遊樂使用行為下，常造成自然生態創傷。

3.常自我膨脹，為了炫耀而做出英雄架式的高風險行為，危及自己或其他遊客的安全。

4.喜歡「保留遊樂場所的東西以為旅行紀念」，且認為自己的行為正當，遭遇管理人員出面制止，則心生不滿。

5.行程緊湊又想要得到全然盡情歡樂，稍有不如意之處，就會對管理員脫口出惡言。

(二)管理人員正面的個人態度

1.視遊客為自己要接觸之最重要的人。

2.遊客並非仰賴於你的服務，而是你仰賴遊客而能生活。

3.遊客並非為打擾我們工作的人，反而是我們工作之主要原因。

4.遊客是森林遊樂區的一分子，並非外來的侵入者。

5.得到親切有禮貌的人員服務，是購票到訪遊客應享有之權益。

(三)管理人員之工作服務態度

1.友善且親切真誠。

2.樂於助人。

3.避免顯示出不耐煩的態度與習性。

4.要符合現代社會生活的社交禮節。

5.要能展現一視同仁的服務行為。

問題及思考

1.森林區的遊樂資源基本類型與組合樣態的內容各為何？

2.何謂森林（業）的多目標經營？

3.遊客從參與森林遊樂活動中能獲得哪些個人利益？

4.為確保遊客遊樂體驗的品質，森林遊樂區管理人員的工作服務態度應為何？

森林遊樂區的設置與環境清潔維護

學習重點

- 知道森林遊樂區設置之作業流程
- 認識戶外遊樂場域規劃（planning）之定義、概念及作業程序
- 瞭解森林遊樂區設置過程中土地取得所有權或使用權之方式（land acquisition）與基地開發（development）及興建（construction）之過程（行政作業程序）
- 熟悉森林遊樂區日常營運作業（daily operations）之環境清潔維護的工作內容

第一節　森林遊樂區之設置程序

森林遊樂區之設置是一個包括公私有林（土）地開發的程序，除了田野地調查等戶外作業的資源清查（inventory）現地工作外，尚包括室內作業的基地規劃與設計等書面作業。

審核完成的森林遊樂區規劃計畫書圖等文件仍須透過法定（《森林法》第17條[1]與《森林遊樂區設置管理辦法》第2條[2]）的行政程序進行開發施工（環保審查、水保整地）與建物興建工作（建照申請），建造竣工的遊樂區在完成驗收與保固程序並取得建物使用執照後就可開幕營運。設置過程法定的行政程序尚包括土地取得（land acquisition）、人員召募（staffing）、環境影響評估（EIA）與取得開發許可（permits）等作業步驟。

一、前置作業

(一)成立籌設小組

政府機關內的臨時性組織，一般採用任務編成。

(二)編列預算經費

針對計畫執行工作項目編製年度預算。

---

1 《森林法》第17條第一項：「森林區域內，經環境影響評估審查通過，得設置森林遊樂區；其設置管理辦法，由中央主管機關定之。森林遊樂區得酌收環境美化及清潔維護費，遊樂設施得收取使用費；其收費標準，由中央主管機關定之。」

2 《森林遊樂區設置管理辦法》第2條：「本辦法所稱森林遊樂區，指在森林區域內，為景觀保護、森林生態保育與提供遊客從事生態旅遊、休閒、育樂活動、環境教育及自然體驗等，經中央主管機關核定而設置之育樂區。所稱育樂設施，指在森林遊樂區內，經主管機關核准，為提供遊客育樂活動、食宿及服務而設置之設施。」

(三)基地自然與人文資源清查

調查森林遊樂基地場域擁有之自然與人文資源內容並編造清冊，供選擇位址與規劃過程時參考。森林遊樂區之選址條件：

1.位址選擇（site selection）時有三個基本原則（能夠滿足、便利使用者需要與擁有足夠遊樂與享樂之資源）。
2.基本公共設施（infrastructure）[3]的發展現狀。
3.計畫基地擁有之自然資源條件與人文資源的內容與條件[4]。

要完成上述條件，籌設小組工作人員必須進行森林遊樂區計畫基地的自然與人文資源清查（inventory），調查資料的取得可以透過地理資訊系統軟體（GIS）、像片基本圖[5]（photo base map）判別解釋與人員現地調查（on-site investigation）為之。

(四)完成規劃報告書文字內容與施工圖說

◆規劃之概念

預先準備的邏輯化過程（process），利於決策的系統化活動（action）。

◆規劃之工作要項

準備書面的綱要計畫（master plan），製作完成細部規劃（detail plan）之施工設計圖與說明。

---

[3] 道路、交通、電信與水電管線供應設施。

[4] 《森林遊樂區設置管理辦法》第 3 條：「森林區域內有下列情形之一者，得設置為森林遊樂區：一、富教育意義之重要學術、歷史、生態價值之森林環境。二、特殊之森林、地理、地質、野生物、氣象等景觀。前項森林遊樂區，以面積不少於五十公頃，具有發展潛力者為限。」

[5] 以垂直航空照片為底圖，在像片上以人工加繪等高線及必要之地物註記，如道路、橋梁與農作物等，製成像片地形圖，以像片地形圖作為國家基本圖者，稱為像片基本圖。

◆森林遊樂區規劃報告書之計畫綱要（outlines）

1.釐訂目標及目的。
2.自然及遊樂資源清查與評級／價（evaluation）。
3.導入森林遊樂活動與發展配套設施。
4.合成備選方案與發展道路與步道系統：全區平面配置綱要計畫與分區設施項目施工圖及說明細部計畫。
5.分年分期開發計畫。
6.財務計畫。
7.經營管理計畫。
8.結論與建議。

◆台灣的森林遊樂區法定綱要計畫（規劃）書內容

台灣森林遊樂主管機關頒布法定的綱要計畫（規劃）書，要求必須至少載明以下六項內容：

1.森林育樂資源概況。
2.使用土地面積及位置圖。
3.土地權屬證明或土地使用同意書。
4.都市計畫或區域計畫土地使用分區管制現況說明。
5.規劃目標及依第八條[6]劃分土地使用區之計畫說明。
6.主要育樂設施說明。

◆導入森林遊樂活動與發展配套設施之實例

1.導入森林區露營活動與開發配套設施：管理站、布告欄、衛浴廁設施、營火圈與露營單位。
2.導入森林區水域活動與開發配套設施：救生塔、浴廁、游泳區、船舶活動區與即興活動區。

6 森林遊樂區得劃分為：營林區、育樂設施區、景觀保護區與森林生態保育區。

3.導入提升遊客情緒智商（EQ）的森林遊樂活動與開發配套設施：森林浴步道、草地遊戲廣場、賞景步道與觀景涼亭或露台、冥想與花香或陰離子體驗區。

4.導入森林生態旅遊活動與開發配套設施：小型纜車、高空索道、架高棧道、鋪面寬度80公分的狹窄步道、解說牌與引導式解說步道或水道。

5.導入與提供森林遊樂區遊樂活動的參考學理之應用：

(1)遊樂機會序列（Recreation Opportunity Spectrum, ROS）：將預定開發的遊樂地區劃分成從原始區、半原始區、機動化半原始區、道路可及原野區、鄉村區與現代化城市區等六類開發使用情境（settings）的型態，可用於旅遊地區的規劃與經營管理（**圖2-1**）。

(2)可接受改變的程度（Limits of Acceptable Change, LAC）：在遊樂地區不可恢復的破壞發生之前，自然環境所能承受的人為改變的程度。

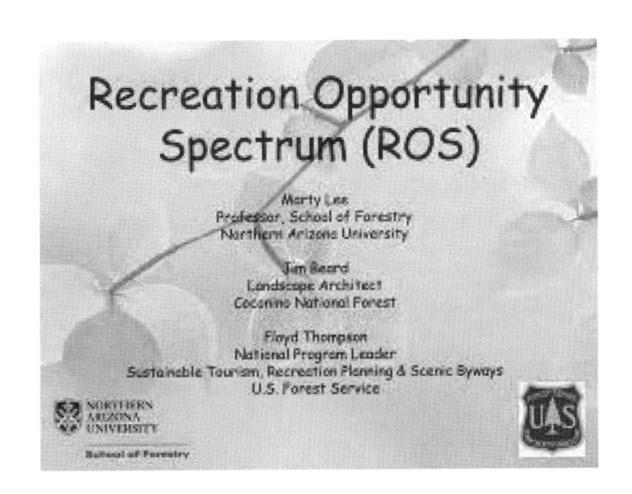

圖2-1　「遊樂機會序列」用來為森林遊樂活動定位

圖片來源：https://www.fs.usda.gov/Internet

(3)遊樂承載量[7]（Recreation Carrying Capacity, RCC）。

(4)遊樂機會指南[8]（Recreation Opportunity Guide, ROG）（圖2-2）。

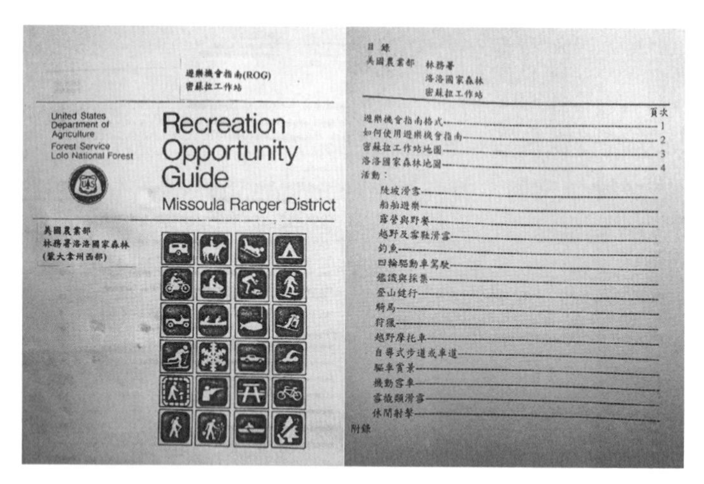

遊樂機會指南(ROG)
密蘇拉工作站

United States Department of Agriculture
Forest Service
Lolo National Forest

Recreation Opportunity Guide
Missoula Ranger District

美國農業部
林務署洛洛國家森林
(蒙大拿州西部)

目錄
美國農業部 林務署
洛洛國家森林
密蘇拉工作站

頁次

圖2-2 「遊樂機會指南」如同遊客使用手冊

圖片來源：Shiner, W. J. (1986). *Park Ranger Handbook.*

二、森林遊樂開發基地公有或私有土地的取得

(一)取得土地所有權

◆取得方式

森林遊樂區基地土地取得所有權的方式包括：

1.購買（purchase）：使用金錢購買取得所有權。

7 一個遊樂區在一定開發程度下，在維持遊樂品質且又不致對實質環境及遊樂體驗造成破壞或負面影響時的遊客使用量。

8 解說手冊的一部分，協助遊客選擇參與遊樂區內提供的各項遊樂活動，以豐富遊樂體驗。

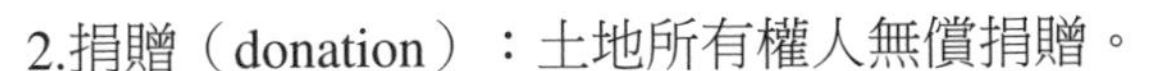

2.捐贈（donation）：土地所有權人無償捐贈。

3.立契出售（stipulated deed）：買賣雙方訂定契約書，條文載明交易標的土地必須作為森林遊樂區使用，否則變更登記無效。

4.移轉（transfer）：政府機關之間擁有的國有或縣市鄉鎮公有土地所有權變更登記。

5.徵收（condemnation）：政府行政機關可以依據法律徵收私有土地，依法徵收的理由有四，說明如下：

(1)計畫中選定具遊樂價值之土地。

(2)私有土地位址在計畫區內（in holdings）。

(3)自然之邊界（natural boundaries）。

(4)對計畫區域內遊樂使用具非相容（incompatible use）之威脅。

◆徵收步驟

依法徵收的步驟有二：

1.建立土地之徵收權利[9]：將「森林遊樂區開發計畫書」提送司法機關判決，裁定是否符合公共利益。

2.確立土地之徵收價格：在法院判決計畫可行後，再依法令建立徵收價格。

(二)取得土地使用權

森林遊樂區基地土地取得使用權的方式包括：

1.租賃（lease）：支付租金付費使用。

2.使用許可（use permits）：地主出立土地使用同意書。

3.購買發展權（development rights）：付費要求地主只能做合乎森林遊樂區規定的開發用途。

[9] 與美國制定的法令不同，台灣的行政機關通過之開發案無須透過法院的判決書建立私有土地徵收權。

4.主張慣例地役權（prescriptive easements）：主張地主延續長期既成的土地使用狀態。

5.主張風景地役權（scenic easements）：主張鄰近森林遊樂區基地的地主，不得在其擁有土地上擅自興建有違遊客觀賞風景的設施。

三、土地開發與設施興建（依據地區法令程序完成建設工作）

(一)土地開發

森林遊樂基地開發的過程包括：

1.預算準備。

2.召募人員。

3.依法規製作環境影響說明／評估（EIS or EIA）[10]。

4.申請法定證照（開發許可、雜項及建築執照）。

(二)設施興建

遊樂與支持性設施興建過程包括：

1.安排施工日程：安排工程開工至完工時間期程。

2.準備施工圖說：預備交付爭取標案廠商供估價用。

3.刊登廣告招標：在大眾媒體上刊登工程招標廣告。

4.工程發包施工：得標廠商開始興建工程。

5.監工與竣工驗收：委託單位指派人員執行。

6.保固及償付尾款：廠商執行約定的保固工作[11]，保固期滿，委託單位得支付最後一期款項（尾款）。

[10] 環境影響說明或評估（environmental impact statement or assessment），為預防及減輕開發行為對環境造成不良影響，藉以達成環境保護之目的。

[11] 植栽存活與否需訂立保固期。

第二節　森林遊樂區自然及遊樂資源清查與評級／價

一、森林遊樂區之資源清查

(一)自然資源的項目清查

清查開發基地的遊樂活動影響因子（site-influencing factors），包括：

1.溫度（temperature）。
2.方位（aspect）。
3.空氣流通（air drainage）。
4.日照（exposure）。
5.風（wind）。
6.降雨（rainfall）。
7.坡位（position on slopes）。
8.微氣候（microclimate）：溫度、溼度（humidity）、降水（precipitation）與盛行風向（prevailing wind direction）等。

(二)遊樂資源的項目清查

一般需要調查如下五個項目的資料，包括：

1.氣候（climate）。
2.地形（topography）。
3.土壤（soils）。
4.水源（water）。
5.一般環境（general environment）。

二、森林遊樂基地影響因子

(一)溫度

日及月平均氣溫決定森林遊樂區適宜發展之活動，日及年溫差影響植物之生長及遊樂活動類型。

(二)方位

羅盤儀標示的方向（經度&緯度），方位影響植物之生長及晝夜之長短，東向之平緩坡地迎接朝陽，午後會受到山形蔽蔭，適合發展露營地，高緯度之北向區，宜發展冬季運動與活動。

(三)空氣流通（排氣）

空氣流通會影響森林區之溫度、溼度、水及霧氣之形成，靜止之空氣造成冷溼氣體滯留在地表並形成霧氣，空氣流通不佳容易造成煙霧（smog）不散，妨礙遊樂活動。

(四)日照

較多日照區氣溫高，利於游泳區發展，在晚春、夏季及初秋時對其他動態活動則嫌太熱。

(五)風

架設營帳、木屋單位時，門開的方向不要面對盛行風，亦不可位於營火、爐灶區下風處。盛行風強大時甚至會吹翻車、船，冬季運動區尤其忌諱強風吹襲影響活動進行。

(六)降雨

降雨通常與其他影響因子結合成重要影響遊樂品質因子。在遊客集中使用區內，積水、潮濕、泥濘地表常是活動難題；但天氣乾燥與缺水也會造成沙塵及限制植物生長。

(七)坡位

「坡位」可分為山崗、山腰、山腳等三個部位，各個坡位所受到之日照、空氣流通、溫度變化均不相同，自然影響遊樂活動之型式。山腰之坡位在森林遊樂使用方面要優於其他高、低兩個坡位區。

(八)微氣候

微氣候是指過去一段時間某地方天氣的平均狀況，這些天氣狀況要素是地方性小區域的氣候狀況，會影響當地的天氣變化。

(九)地形

1.土地相對起伏之高低差造成地形，影響地形展現因素有地勢（凹凸起伏）、坡度、坡向與垂直的高度差距。
2.平緩坡地適合球類與靜態的森林遊樂活動，陡坡適合滑雪、攀岩與登山健行等活動。
3.地形因素中自然形成之懸崖、峭壁及高聳矗立之巨石，適合發展成可供鑑賞的「焦點景觀」。

(十)土壤

土壤沖蝕、緻密度、排水狀況、承受遊客踐踏能力及坡度是決定土壤遊樂使用之條件。適合遊樂使用具生態承載力之土壤剖面組成為：

1.次土層較厚。
2.表土岩層比例低。
3.土壤內斷層比例少。
4.地表水位高。

(十一)水源

1.水資源之功能除滿足遊樂活動需要(游泳、划船、釣魚),又可供遊客烹飪、洗滌及飲用。

2.水資源在森林遊樂區供遊客使用之存在型態有:水井、山泉、溪澗、湖泊、池塘及河流等。

(十二)一般環境

1.地方社區之垃圾場與廢汙水處理場旁邊均不宜發展森林遊樂區。

2.森林遊樂區占地的面積愈大,對周遭環境的衝擊愈小。

3.植生覆蓋(vegetation cover)之本質亦決定未來森林遊樂基地之品質,喬木林相、灌木層種類及地被植物亦影響遊樂活動體驗。

三、森林遊樂基地之評級/價(evaluation)

(一)遊樂資源的質與量

不是每一個森林地所在區域都適合發展森林遊樂的,尚需視其場域內所擁有的自然或人文資源的條件,也就是遊樂資源的質與量來決定設置與否。透過資源清查(resources inventory)的程序,將調查紀錄之各類遊樂資源在遊樂基地的地圖方格上劃分等級,透過重疊圖(overlaps)程序為遊憩據點評定等級。

(二)森林遊樂基地的評鑑等級

森林遊樂區內擁有之遊樂資源評定等級後,管理單位可據以作為開發與經營管理優先順序之參考,在綜合評鑑後可以作為類似「景點區分級」[12]的基礎。

[12] 在台灣,依《發展觀光條例》第 11 條第三項規定:「風景特定區應按其地區特性及功能,劃分為國家級、直轄市級及縣(市)級。」中國大陸將國內的景點分為五級,從高到低依次為 AAAAA、AAAA、AAA、 AA、A 級,而 5A 為最高等級,他們稱為「世界級精品的旅遊風景區」。

第三節　森林遊樂區開發方案之合成與興建施工的程序

一、合成開發方案（synthesis of alternatives）

依循以下五個步驟進行：

1.確保作業符合規劃目標及目的建立之指導原則。
2.依據資源的本質特性導入遊樂活動機會。
3.發展適合遊客遊樂使用之設施。
4.完成計畫建議方案。
5.製作規劃報告書。

二、興建施工程序（process）

共分為三個階段的工作，說明如下：

(一)準備法定證照

製作環境影響說明或評估（EIS or EIA）報告送審及申請法定證照（開發許可、雜項及建築執照）（**圖2-3**、**圖2-4**）。

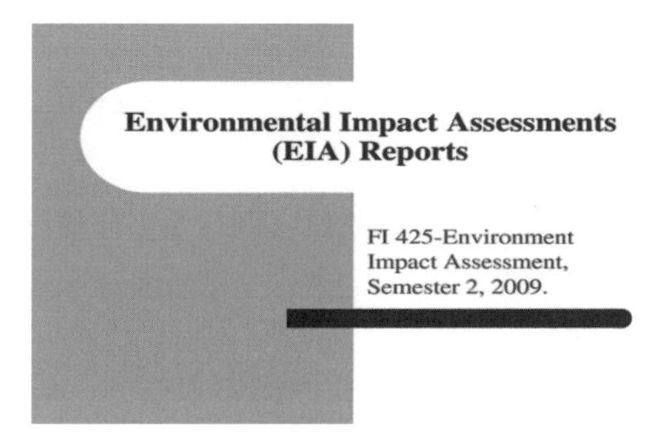

圖2-3　環境影響評估報告書

圖片來源：作者提供。

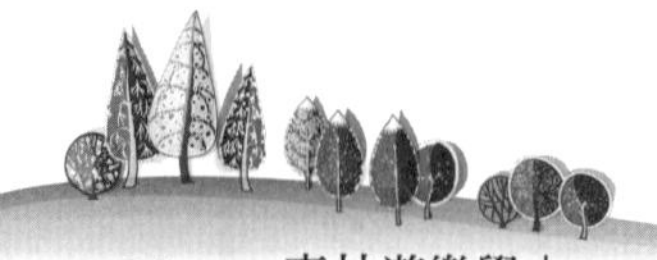

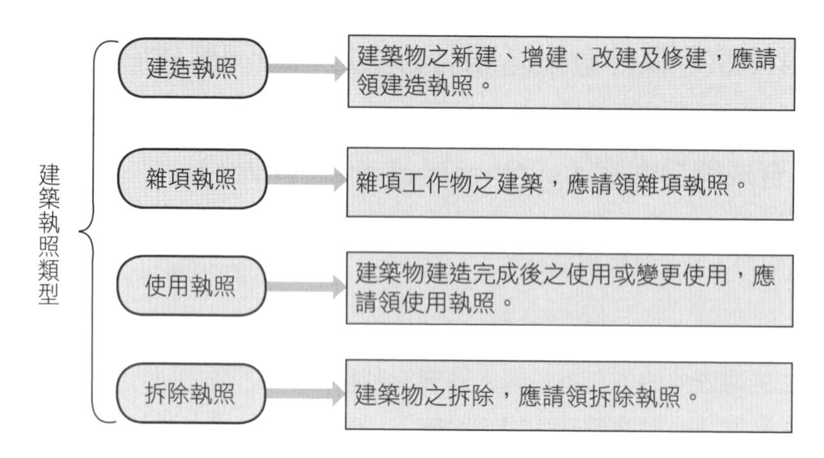

圖2-4　行政程序與建施工的法定證照

圖片來源：作者提供。

(二)建造施工

安排施工日程、準備施工圖說、刊登廣告招標、發包施工、監工、驗收、保固及償付尾款。

(三)經營管理

森林遊樂區完成設置程序後即可掛牌營運，依照現行中央法規皆交由行政院農業委員會林務局管轄，林務局則指派其各轄區的林區管理處[13]負責經營管理（**圖2-5**至**圖2-8**）。

第四節　森林遊樂區環境清潔維護管理

森林遊樂區開幕營運後，最要的每日例行性工作便是環境清潔維護管理，此項目內容包括兩個部分：(1)供水、廁所與汙水處理；(2)垃圾與廢棄物回收處理。說明如下：

[13] 林務局在台灣地區管轄八個林區管理處。

圖2-5　東勢林管處合歡山國家森林遊樂區

圖片來源：作者提供。

圖2-6　台東林管處向陽國家森林遊樂區

圖片來源：作者提供。

圖2-7　退輔會森林保育事業處棲蘭森林遊樂區

圖片來源：作者提供。

圖2-8　中興大學惠蓀林場國家森林遊樂區

圖片來源：作者提供。

一、供水、廁所與汙水處理

(一)森林遊樂區之供水

1.遊客對水之需要：飲用、烹調、洗滌、衛浴。

2.園方對水之需要：消防、灌溉、員工宿舍。

3.取用水源：自來水、井水、溪水、山泉水、湖水、水庫水（除自來水外，其他用水皆須加氯氣消毒並經常檢驗是否受到病菌汙染）。

(1)井水之供給：需要的設備包括深井、電動唧筒（抽水機）、配送管線、水塔（蓄水池）。為免受到汙染，井口須加蓋，手動唧筒須在外加包被，需定期維護以排除淤泥、沉沙、水草等雜質，蓄水池大小要考量以尖峰期用水為標準，計算方式為抽水馬桶量100公升／人／日，簡易廁所21公升／人／日（**圖2-9**）。

圖2-9　水井使用的電動唧筒（抽水機）與手動唧筒

圖片來源：作者提供。

(2)山泉水之供給：泉源處須加圍籬並於其上加封蓋。冬季寒冷地區，輸送水管外緣必須包裹石棉，以免管水因結冰破裂。若供作飲用水，必須公告建議遊客先煮沸或做消毒處理。

(3)溪水、湖水之供給：在地勢高處建築蓄水池、過濾池，再進入分水池之分水管線輸送用水。

(二)廁所與廢汙水處理

◆廁所之種類

1.抽水馬桶式廁所：在供水充足地區，惟建造成本高。廁所應採光佳、通風良好、粉刷油漆，桶或水箱均應該固定妥當，管線隱藏不外露以免遭受破壞。照明採取部分透天光源或太陽能。固體廢棄物處理之備選方案為藉著木片／屑吸收再經生物分解後逐漸滲入土壤中。興建之化糞池必須連接汙水處理管線輸送至汙水處理場回收灌溉或排放。

2.簡易坑洞式廁所（野戰廁所）：選擇適當地點挖掘坑洞，以木板架設在地面坑洞上，坑洞裝滿後填土覆蓋棄用並遷移他處，設置地點在缺水、土壤貧瘠及冬季會冰封之處（**圖2-10**）。

圖2-10　簡易坑洞式廁所（野戰廁所）

圖片來源：作者提供。

3.糞坑或化學處理式廁所：設在地下水位較高處，需要定期清理、抽出並運送（以水肥車）至固體廢棄物處理場。遊客不可扔廢棄的瓶罐、塑膠袋入內，玻璃纖維製移動式廁所或化學處理式廁所，適用於潮濕地區或輪替於某些集中使用區（**圖2-11**）。

圖2-11　化學處理式廁所

圖片來源：作者提供。

◆廢水處理

建立排水系統排放過量不需要之雨水與汙水處理場處理後之廢水，設立明或暗排水溝及水管，以免造成沖蝕汙染環境。排水與用水系統應分離設立避免汙染。

◆汙水處理

1.露營車之廢汙水收集站（dump stations）：大部分露營車輛都自備衛廁的廢汙水收集箱，為避免沿途排放，汙染鄉間小路，故設露營區之森林遊樂區均應在出口位置設立廢汙水收集站。位於出口路旁，廢汙水收集站設停靠區及排放坑洞方便遊客操作，並應有清潔水源供清洗露營車衛生設備（**圖2-12**）。

圖2-12　露營車之廢汙水收集站

圖片來源：作者提供。

2.汙水處理設備作業流程包括三個階段工作：一級、二級和三級處理[14]。設備分別為始初沉澱、曝氣、最終沉澱與放流槽或二次回收灌溉管線（**圖2-13**）。

二、垃圾與廢棄物回收處理

(一)垃圾桶設置及垃圾收集

1.垃圾桶外觀造型多有不同，圓狀及箱形為大宗，以可愛動物造型如企鵝、兔寶寶等也有，製作材料為塑膠或金屬（不鏽鋼、鋁合金、銅線），設置位於遊客可及點並保持外觀清潔。外表漆單（淺）色並繪上森林遊樂區的logo圖案，安排固定路線之垃圾車定時收集。

2.部分垃圾桶，視地點加以固定並加蓋，以防齧齒類野生動物翻掘啃食及宵小偷竊（**圖2-14**）。

[14] 一級處理：將汙水中的固體垃圾、油、沙、硬粒以及其他可沉澱的物質清除；二級處理：將汙水中的有機化合物分解為無機物；三級處理：沙濾去毒物與重金屬。

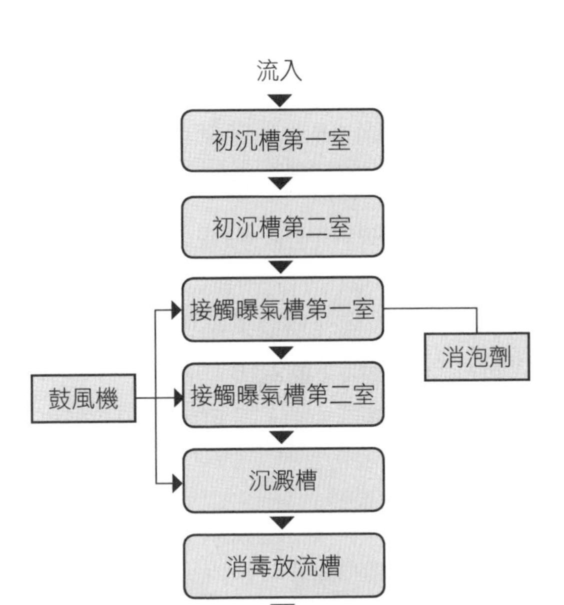

圖2-13　汙水處理設備作業流程

圖片來源：作者提供。

圖2-14　垃圾桶視地點加以固定並加蓋

圖片來源：作者提供。

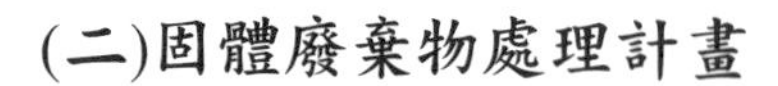

(二)固體廢棄物處理計畫

1.森林遊樂區內固體廢棄物處理及資源回收計畫包含三個步驟：垃圾收集、分類及回收。首先為垃圾量及內容項目調查，訂定垃圾減量及宣導之3R's計畫（reduction、reuse、recycling）：減量、重複使用、回收（**圖2-15**）。

2.垃圾子車及30加侖垃圾桶分類收集鋁合金、白紙、紙屑、錫罐、玻璃瓶、塑膠製品及舊報紙（**圖2-16**）。

3.由林區管理處區分可攜回（家）及可丟棄（遊樂區）垃圾，印製手冊告知遊客。

圖2-15　宣導減量、重複使用與回收3R's計畫

圖片來源：作者提供。

圖2-16　垃圾桶分類收集

金屬、玻璃瓶、塑膠製品及紙類

問題與思考

1.森林遊樂區設置的作業流程之前置作業內容為何？

2.森林遊樂區設置過程為何要先取得土地所有權或使用權？

3.森林遊樂區環境清潔維護工作的重要性為何？

4.何謂固體廢棄物處理的3R's計畫？

森林遊樂區環境衝擊、危險與野火管理

學習重點

- 知道森林遊樂區之生態系統（ecosystems）、環境基本組成與本質特性（natures）
- 認識森林遊樂活動對環境生態基本組成所造成之實質衝擊（physical impacts）
- 熟悉森林遊樂區經營管理對策中減輕環境衝擊的直接或間接管控措施（control measures）
- 瞭解森林遊樂區的危險（hazards）與野火管理（wildfire management）之工作內容

第一節　森林遊樂區遊樂資源經營管理系統

森林遊樂區自然資源經營管理系統屬於永續營運（sustained operation）的模式，分為自然資源經營管理計畫的執行與遊樂環境生態的監測（ecological monitoring）兩個部分。

管理單位執行的自然資源經營管理計畫之項目有五，分別為森林遊樂基地經營計畫、植生經營計畫、視覺景觀經營計畫、生態系統經營計畫及危險與野火管理計畫。

遊樂環境生態監測的工作主要在檢視森林環境的生態基本組成（元素），包含土壤、水、空氣、動物與植物等組成分（components）受到遊客使用衝擊（physical impacts）的程度狀況（situation）（**圖3-1**）。

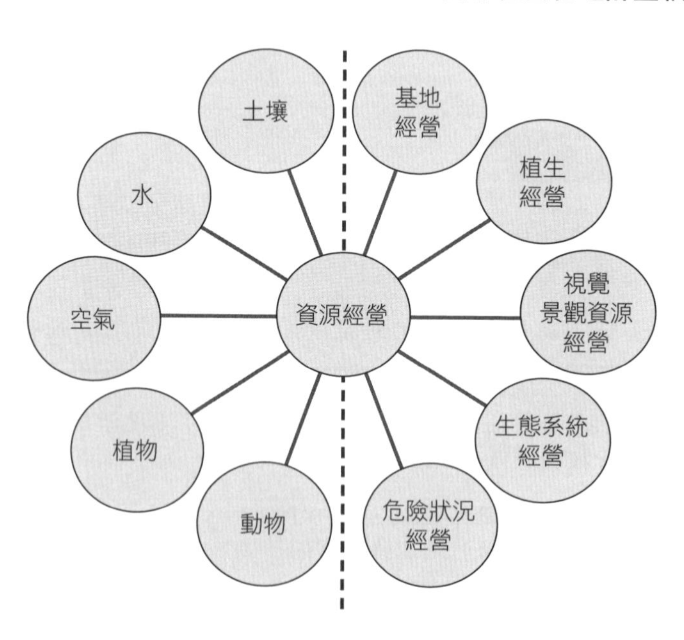

圖3-1　森林遊樂區自然資源經營系統

圖片來源：作者繪製。

一、森林遊樂區之生態系統

在森林遊樂區環境內，相互作用的所有生物與森林環境形成的系統謂之遊樂環境生態系統（ecosystem）。也就是說此森林環境裡的非生物因子（例如空氣、水及土壤等）與其間的生物因子（動物與植物）之間具交互作用，不斷地進行物質的交換與能量的傳遞，並藉由物質流動與能量流動的連接，進而形成一個整體的森林生態系統或生態系（forest ecosystem）。

二、森林環境生態基本組成之本質與特性

(一)森林環境生態系統之基本組成

森林生態系統之基本要素有土壤、水、空氣、植物與動物共五種組成分，其本質（nature）說明如下：

1.土壤（soil）：由數層不同厚度的土層所構成，主要成分是礦物質，是各種風化作用和生物活動產生的礦物和有機物混合組成，存在著固體、氣體和液體等狀態。

2.水（water）：水體一詞，通常指的是較多水資源所累積之處，例如河川、海洋、湖泊等，但也可能指含水量較少的地方，如山泉、池塘、溪澗瀑布等。

3.空氣（air）：指地球大氣層中的氣體混合，由78%的氮氣、21%氧氣與1%的稀有氣體和懸浮雜質組成，空氣的成分不是固定的，隨著高度的改變、氣壓的改變，空氣的組成比例也會改變，森林中空氣成分中，氧氣、陰離子與芬多精的含量相對就比較高。

4.植物（flora）：植物是植物界各式生物的統稱，有性生殖和世代交替是植物的重要特徵，植物的光合作用是植物主要的物質和能量來源，也是生物圈物質循環和能量流動的重要環節，是地球大部分生

態系統的基礎，森林植物相是對一個植物區系的紀錄及描述。

5.動物（fauna）：動物是多細胞生命體中的類群，可以依生物分類系統（taxonomy）[1]，如界、門、綱、目、科、屬、種等固定數量的層次將動物區別歸類，在森林中的動物我們一般稱作野生動物（wildlife），森林動物相是對一個動物區系的紀錄及描述。

由生態系統之基本要素組合形成具有遊樂價值之資源，如溫泉、湖泊、溪流、瀑布、針葉與闊葉樹純林或混淆林、花木灌叢、綠茵草原、日光陰影、雲霧變換、晨曦朝露、平原山地、地形起伏（山岳懸崖）、地質地理組成（土質岩層）、飛禽走獸，以及蟲鳴鳥叫與深淵魚躍等皆是。

(二)森林環境生態系統之特性（characteristics）

地球的環境生態系統依循自然界的規律[2]運作，可以用以監測森林遊樂資源經營管理計畫實施的成果並擬定有效管理對策（management practices），基本組成具有以下五點特性，詳述如次：

1.植物演替（plant succession）：是指在植物群集發展變化過程中，由低級到高級，由簡單到複雜，一個階段接著一個階段，一個群集代替另一個群集的自然演變現象（**圖3-2**）。

2.水循環（water circulation）：是指水分透過吸收太陽來的能量而轉變存在的模式，例如：地表的水分被太陽蒸發成為空氣中的水蒸氣，而水的存在模式包括有固態、液態和氣態。地球中的水分多數存在於大氣層中、地面、地底、湖泊、河流及海洋中，會透過一些物理作用，如蒸發、降水、滲透、地表流動和地底流動等，由一個地方（森林區）移動至另一個地方（海洋）（**圖3-3**）。

3.野生動物棲息地／生活圈（wildlife habitat）：為了維持野生動物族

---

1 現代生物分類法源於瑞典學者林奈（Carl Linnaeus）的系統。

2 自然界的平衡與穩定的週期性變化系統。

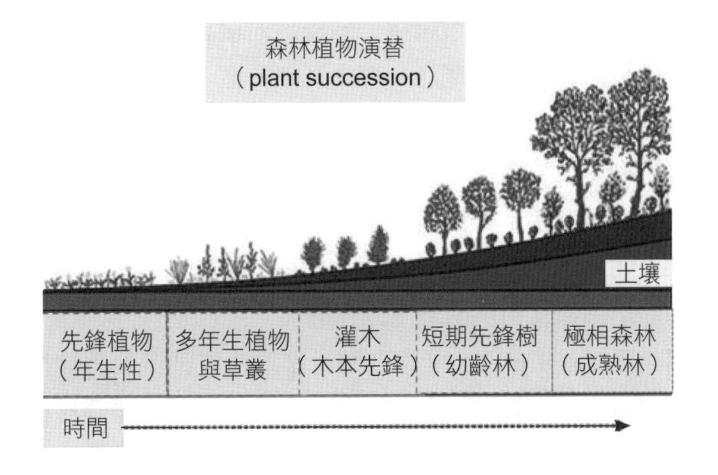

圖3-2　森林植物演替（stages of forest succession）的五個階段

圖片來源：作者繪製。

圖3-3　水的循環過程

圖片來源：http://www.tlsh.tp.edu.tw/~t127/water_resources/water01.htm

群的存續，管理者必須維持一個舒適的棲息地，包括食物、水、巢穴、避難的覆蓋物與基底、棲木及餵食區。如果棲息地被改變或清除，依賴在此的野生動物通常也隨之被滅絕。植物覆蓋物型態決定野生動物呈現的豐富性及分部區域。因為改變棲息地以增加對一動物種類的承載量卻可能減少其他種類的承載量，棲息地與野生動物族群之間息息相關。提供嫩葉（樹葉、細枝、樹木的幼芽及典型的灌木）是確保食物供給野生動物的另一種含意。

4.土壤剖面（soil profile）：各種土壤之生成情況為由沖積所生成的沖積平原之土壤可能只有母岩層（C層），但如經過耕種以後則可生成表土層（A層）；如經由化育作用（風化及淋洗作用）下，則化育物質（通常指有機物、鹽類、黏粒、鐵、鋁、錳等物質）會由土壤上層往下移動，最後在下層沉積而生成不同特性之化育層，稱為次土層（B層）。由有機層（O層）、A、B層等三層次之不同種類之排列與組合，就可分類成幾百種不同之土壤類型（**圖3-4**）。

圖3-4 森林區土壤之剖面

圖片來源：Sharpe, W. G. et al. (1983). *Park Management*, p.168.

5.微氣候[3]變化（microclimate）：如水體區具有冷卻周邊地區氣溫效果，森林具有吸收二氧化碳及調節氣候溼度變化之功能，增加森林覆蓋率可有效減少大氣中之二氧化碳含量，對於減緩環境暖化及調節氣候變化有相當程度的助益，而樹木冠層的遮蔭現象，亦有降溫效果。

三、遊樂活動造成之環境衝擊

(一)對土壤之衝擊（impacts on soil）

1.雨滴對土壤表面之衝擊：3mm水滴以每秒9m速度落在潮濕土壤表面，產生的力量將土壤粒子（particles）及水向外四散，距離可達到0.6m～1.5m（**圖3-5**）。

2.森林土壤沖蝕序列（erosion sequence）：

(1)地表枯枝落葉因遊客踐踏後破碎四散，再經風吹雨淋而流失。

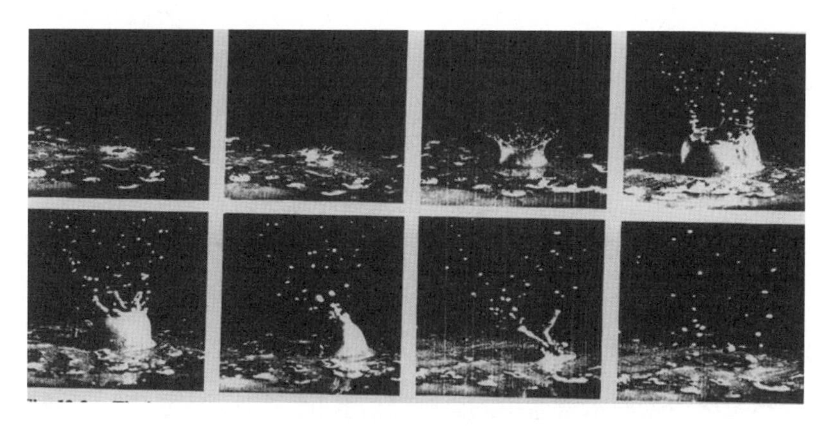

圖3-5　雨滴對土壤表面衝擊之8連拍照片

圖片來源：Sharpe, W. G. et al. (1983). *Park Management*, p.170.

---

[3] 指一個細小範圍內與周邊環境氣候有異的現象，在自然環境中，微氣候通常出現於水體旁邊，該處的氣溫會較其周邊區域低。

(2)土壤覆蓋的有機質減少。

(3)遊客踐踏力量使土壤粒子的間隙變小，土壤硬化。

(4)土壤因硬化，空氣與水分保有能力降低。

(5)硬化土壤的雨水滲透率降低。

(6)地表徑流（runoff）增加。

(7)最終，土壤表面沖蝕增加更惡化了有機質的累積（**圖3-6**）。

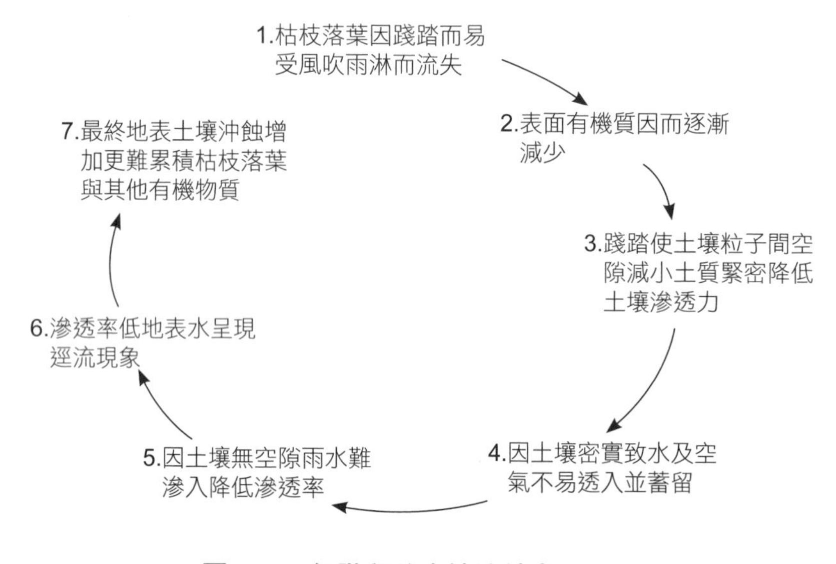

圖3-6　7個階段的土壤沖蝕序列

圖片來源：Sharpe, W. G. et al. (1994). *A Comprehensive Introduction to Park Management*, p.290.

(二)對水體之衝擊（impacts on water）

森林遊樂活動對水質產生的衝擊為優養化[4]、細菌大量滋生及藻類與浮萍等大量繁殖是常發生的情況。對水體資源造成的衝擊為泥沙沉澱、垃圾廢棄物與油漬汙染（**圖3-7**）。

[4] 優養化，又稱作富營養化，是指湖泊、河流、水庫等水體中，氮、磷等植物營養物質含量過多所引起的水質汙染現象。

圖3-7　遊樂活動對水質產生的衝擊

圖片來源：作者提供。

(三)對空氣之衝擊（impacts on air）

空氣汙染包括毒氣及物質的懸浮塊（粒子），毒氣包括臭氧、二氧化硫、氮氣，以及碳、氫及其他元素的揮發性有機化合物。遊客機動車輛排放的廢氣與亂丟菸蒂或燒烤食物不慎引燃的森林大火，是森林區環境衝擊中空氣汙染的最大宗來源。

(四)對植生之衝擊（impacts on vegetation）

◆遊樂活動對植生的衝擊

主要是由遊客踐踏（trampling）所造成的，研究發現僅做輕度使用，地表80%植生就會消失。地面覆蓋物的多樣性及植物種類呈現的數量都會大幅度減少。最嚴重的危機是在露營地的營區部分，因為團體營隊組員的高強度使用，保護地表的腐植質層（organic layer）早已流失了，雖然草皮比雙子葉植物有較大的耐踐踏能力，但長期踐踏後仍然會造成土壤流失及岩層裸露。越野四輪驅動車（off-road vehicles）輾壓過林地後造成林木的樹根裸露，影響植物根系的固著力（fixation）及養分吸收（**圖3-8**）。

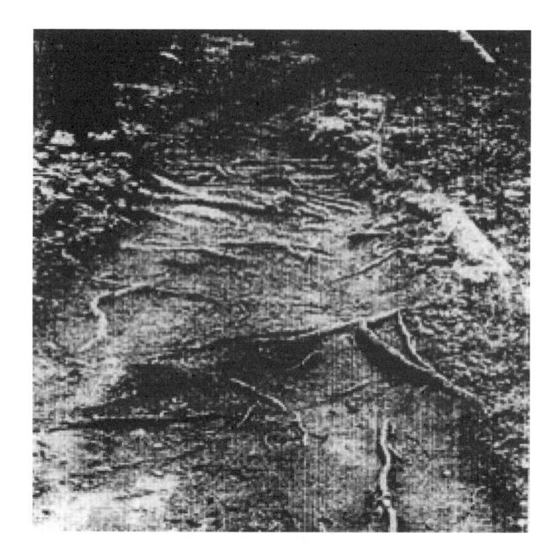

圖3-8　越野車壓過後造成林木的衝擊

圖片來源：Sharpe, W. G. et al. (1983). *Park Management*, p.181.

◆遊客對植生之衝擊

遊樂使用衝擊植生的情況，包括因為遊客在植物樹幹光滑樹皮上刻字而留下不雅痕跡，這些刻痕有損樹木的美觀且會使植物留下傷口招致病蟲害。當一棵樹被刻字後，其他的遊客便會集體仿效（破窗效應[5]），造成樹株受到損害。獨木舟遊客砍伐松樹幼苗（seedling）當做營柱，用以搭建帳篷，露營區遊客砍伐灌叢植生充當薪炭柴或切剝粗糙樹皮的樹木用來生火，對植物最大之傷害是因為斧頭及其他外傷，常是病菌及蛀蟲入侵之處（**圖3-9**）。

(五)對野生動物之衝擊（impacts on wildlife）

野生動物構成休憩中某種觀賞型態的基礎，而且能夠補償其他靜態遊樂活動遊客體驗的不滿足。野生動物的遊樂喜悅體驗可能被分成非營

---

[5] 破窗效應（Broken Windows Theory）是以有少許破窗的建築為例，如果那些窗戶沒修理好，就會有人破壞更多的窗戶。

利使用（野生動物照相、賞鳥及其他普遍或特殊野生動物在棲息地活動的觀察）或營利使用（供遊客釣魚、狩獵及設置陷阱用以誘捕野生動物）（圖3-10）。

圖3-9 遊客行為（竹幹刻字）對植生的衝擊

圖片來源：作者提供。

圖3-10　森林區的不法盜獵與濫捕行為

圖片來源：Sharpe, W. G. et al (1983). *Park Management*, p.10.

第二節　森林遊樂區的環境衝擊管理

一、環境衝擊管理之概念

針對森林遊樂區環境衝擊問題（negative impacts）釐定「管理對策」（management practices）[6]，以減低遊樂活動對森林享樂環境基地的破壞情況。說明如下：

1.對策（practice）：因應經營管理上產生之問題或課題（problems or issues）之解決方法／執行方案（alternatives）。

2.策略（strategy）：大方向的觀念性行動方針或指導原則（action guides & principles）。

3.策術（tactic）：特定目的性的行動或方案，有直接與間接策術（direct & indirect tactics）。

(1)直接策術：影響決定遊客行為因子之措施（measures）。

(2)間接策術：改變遊客行為之措施。

二、森林遊樂區環境衝擊之管理對策

(一)策略層面

針對環境衝擊之管理對策一般在「策略」層面有四項：

1.增加遊樂活動的供應。

2.降低遊客使用造成的負面衝擊。

3.增加遊樂資源的耐久性。

4.限制遊客的使用。

---

[6] 有實務之意，就是管理行動的組合，觀念性方針為策略，解決問題措施為策術。

(二)直接管理策術

依據策略層面擬定的直接管理策術（方法）可有諸多選擇，舉例如下：

1.種植耐久性植物及灑上樹皮、木屑、麥稈或碎石來控制土壤的腐爛程度。
2.建立步道、栽植有荊棘的樹種或修建竹籬笆就可被有效控制遊客對植物群落的踐踏。
3.土壤貧乏且再生能力緩慢，那麼必須添加上木炭、木屑及有機肥料於其中。
4.種植耐久性種類、經常灌溉、覆蓋或隔離保護到土壤及植物群落能禁得起密集的遊客活動。

(三)間接管理策術

依據策略層面擬定的間接管理策術（方法）也有諸多選擇，舉例如下：

1.遊客很少知道衝擊造成環境的改變，透過解說教育告知遊客，能夠改變其行為以及降低遊樂據點之破壞。
2.限制進入森林遊樂區的遊客人數及某些具環境衝擊的遊樂活動，如以承載量（carrying capacity）做標準。

三、環境衝擊承載量管理的案例：農業委員會林業試驗所福山植物園

福山植物園位於宜蘭縣員山鄉，園區範圍包括翡翠水庫水源保護區、植物園區及哈盆自然保留區，管理單位採用動植物生態與遊客遊憩承載量兩方案做永續營運策略管理工作。說明如下：

(一)生態承載量管制方案

1.園區開放時間為上午9：00至下午4：00，避開野生動物的覓食時間。

2.每年3月為植物萌芽、花芽形成及野生動物繁殖之旺盛季節，訂為「休園期」，避免遊客的人為活動造成不良之生態影響。

(二)遊憩承載量管制方案

對到訪遊客入園遊樂的管制措施有：

1.遊客入園採用預約申請制，一般遊客每日入園人數以300人為限，為推廣林業教育，另外提供教學研習人數100名，但以教職員與學生為限。

2.生態教育推廣，不定期發行推廣摺頁與介紹手冊，資訊包括有園區介紹、遊客行為禁制與宣導、生態與遊憩規劃介紹等；設立解說牌提醒遊客各項限制措施，建立解說員制度，並採用定點解說方式，宣導園區內保育及永續經營的理念。

3.遊樂行為管制，禁止露營、野炊、烤肉、採摘植物，嚴禁攤販入園販售，園區內不對遊客販售任何餐飲，不提供住宿，區內無設置垃圾桶，所有廢棄物請遊客自行帶回。

第三節　森林遊樂區危險與野火管理

一、危險（hazards）管理

森林遊樂區是自然資源導向的遊樂場所，潛藏著甚多對遊客生命及財產有威脅情況，包括自然界存在的地理、地質、水文及氣候變化，生物圈的侵犯性或有毒性動植物等皆是。遊客來自於四面八方，森林遊樂區對其來說，是個陌生不熟悉的地方，很容易發生危險，所以管理單位需要預先排除這些危險狀況，無法排除的危險則必須豎立警告標示牌告示遊客安全的使用規則。

(一)台灣遊樂地區曾經發生的災難

1.發生於西元1986年5月25日，南投縣竹山鎮太極峽谷[7]落石事件造成28名遊客死亡，農委會林務局本來預定在此區開發的森林遊樂區計畫也因此中斷。

2.西元1990年8月25日，台灣殼牌公司（Shell Oil Company）在日月潭風景區舉辦員工自強活動，夜晚集體搭船遊湖，當時規定僅能搭載42人的「興業號」遊艇卻違規超載了92人，導致船隻翻覆，共有57人罹難，35人獲救。

(二)危險管理之工作步驟

危險管理是三個步驟的行動方案，說明如下：

1.危險識別（hazards identification）：清查自然界之天然危險（溪流漩渦、激流、懸崖峭壁、湖泊深水及地表流沙）、人為危險（廢井、破墟、路面坑洞或邊坡坍方）、動物與植物危險（野獸、毒蜂、毒蛇、咬人貓、咬人狗、枯立／倒木及傾斜樹木）（**圖3-11**、**圖3-12**）。

2.危險評估（hazards evaluation）：依據遊客的特性區分遊樂場域設施危險程度使用等級（如兒童、孕婦、心臟病及高血壓患者應注意及避免使用某些具挑戰性的設施與活動）。

3.危險消除（hazards removal）：架設欄杆排除或隔絕危險狀況、豎立危險警告標示牌或訂定遊樂安全使用規則以解說牌或布告欄公告周知遊客（**圖3-13**）。

---

[7] 太極峽谷位於南投縣竹山鎮大鞍里，是加走寮溪切穿山塊的裂隙而形成，因峽谷呈S形，形如太極中的曲線而得名。

圖3-11　森林遊樂區的動植物危險

圖片來源：作者提供。

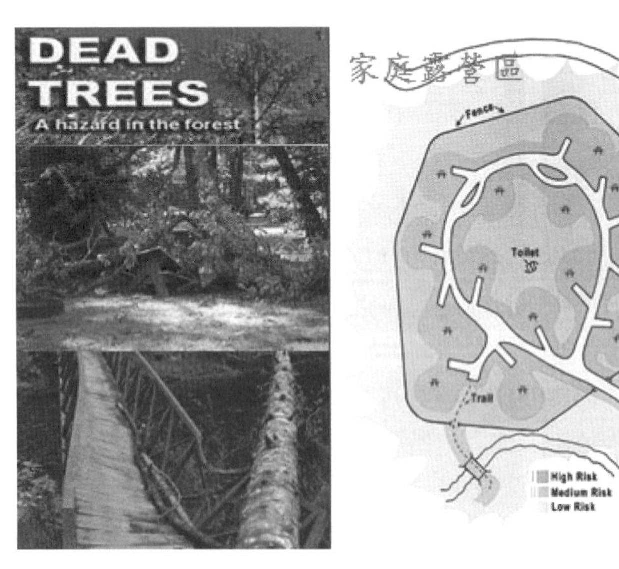

圖3-12　枯死木與高中低風險區危險識別

圖片來源：作者提供。

圖3-13 豎立危險警告標示

圖片來源：作者提供。

二、野火（wildfires）管理

野火是植物界反向的光合作用，是空氣汙染的最大來源，森林區野火管理是遊樂區危險管理的一環，工作內容包括森林野火的模式化（modeling）、監測（monitoring）與管理（management），說明如下：

(一)預防野火之發生

1.建立野火預警系統（標示危險等級）與設計野火防護代言動物，如在美國森林區採用的「司莫基熊」（Smoky Bear）[8]（**圖3-14**、**圖3-15**）。

---

[8] Smokey Bear 在西元 1944 年由美國農業部林務署與印地安事務局共同用為防火代言動物，台灣與中國大陸則尚無。

圖3-14 野火預警系統與告示牌

圖片來源：Northwest Public Broadcasting

圖3-15 野火防護代言動物的張貼海報

圖片來源：Wildfire Today

2.預為撲滅之人員訓練及裝備安排：野火危險識別及消滅系統（WHIMS）[9]。

結合野火危險評估、預防及消滅的專業技術及野火與森林經營管理的知識，包括使用地理資訊系統、地理資料管理與分析的方法與技術。野火的消滅是採用不同的估測準則去執行，各項準則皆設計為最少傷害居民財貨作考量。

(二)撲滅野火行動之工作執行

撲滅野火（forest fire suppression）對野火採取的控制和撲滅之措施，目的在使火災造成的損失減少到最低限度。撲滅方式分為直接撲滅、間接撲滅、航空滅火、人工降雨滅火等四種，說明如下：

1.直接撲滅：適用於弱、中強度的地表火，用打火拍撲救、以水滅火、化學藥劑滅火、風力滅火四種。
2.間接撲滅：適用於高強度的地表火、樹冠火及地下火，有引火回燒法、迎面火法（開設隔離帶用以阻絕火勢蔓延）兩種。
3.航空滅火：用直昇機載水或飛機噴灑滅火劑形成隔離帶，能阻截溝塘火、灌木火及草原火（**圖3-16**）。
4.人工降雨滅火：借催化劑改變雲雨滴的性質、大小和分布的狀況，製造雲滴長大的條件，使其按照自然過程而形成降雨用以滅火。

[9] Wildfire Hazard Identification and Mitigation System.

圖3-16　義大利國家公園之森林野火撲滅工作

圖片來源：作者提供。

問題與思考

1.森林遊樂區生態環境的基本組成要素有哪些項目？

2.森林遊樂活動對於生態環境的衝擊如何監測之？

3.森林遊樂區內對遊客來說屬於大自然的危險有哪些？杜絕危險的管理的工作如何執行？

4.森林遊樂區預防野火發生的工作項目與內容為何？

森林遊樂行政與組織管理

學習重點

- 認識森林遊樂之公共行政管理（public administration）
- 知道政府機關組織運作的政策、法律與行政（policy, law, and administration）之間的關係及人員組織編制與組織結構（organizational structure）的概念
- 熟悉台灣森林遊樂政府主管機關的行政、管理與組織結構與功能運作（executive, administrative, and organizational structures and functions）
- 瞭解政府部門行政作業之直線及幕僚人員之作業功能（functions of line and staff operation）、授權（delegation of authority）及部屬的控管幅度（subordinates' span of control）

第一節　公共行政

一、公共行政（public administration）管理之運作

(一)政策（policy）決定

依據民意與行政機關主管的意志而形成。

政策、法律[1]與行政「三位一體，互動調適」，行政是政策的執行，法律是行政的管理（依法行政），司法機關的判例則形成政府的政策，彼此間相互牽連影響且與時俱進。

(二)法律命令（law & order）制定

依據政策，由各級立法機關[2]制定法律規章。

法律有位階的體制，彼此間不得牴觸，法律不得牴觸憲法，命令不得牴觸憲法或法律，說明如下：

1.憲法（constitution）：一個國家基本的準則，政體及政府運作以及法律訂定的方式，主要在限制政府的權力，是人民權利的保障書，有時政府機關施政時會有違憲之舉措，這時需要透過大法官會議來解釋違憲疑義，所以一個國家的大法官們若為公民投票選出，更能有效保障人民的權利。

2.法律（law）：由立法機關依照制法程序三讀通過的是為法律，例如《森林法》（由主管業務的行政機關制定，經立法院提案、審查、討論、通過，移送總統公布施行）。

3.行政命令（order）：由業務主管行政機關依據法律施行（母法）制定發布的，例如《森林法施行細則》（《森林法》的子法）由主管

---

1 中央法規，法律得定名為法、律、條例或通則。

2 美國為聯邦制，在中央為國會（參議與眾議兩院組成），在地方為州議會，具立法權，在台灣立法機關是立法院，地方議會並無立法權。

業務的行政機關依《森林法》各項法條內容制定並發布，《森林遊樂區設置管理辦法》（《森林法》子法），依《森林法》單一條文發布。

4.規章（regulation & rule）：行政機關根據法律和法規制定具有普遍約束力的規範性文件的總稱，規乃規則之意，章則指章程，又稱行政規章。規章類文書一般都具備制約性，要求有關的人士遵守奉行；有時候也具備說明性，例如說明事情進行的程序、說明團體成員的權利和義務，或解釋某種措施和政策。

(三)行政執行（依據法令執行工作業務）

1.公共行政：執行政府的政策，涉及政府政策和行動方案的組織以及行政官員的公共服務工作行為。

2.公共行政人員：是指在各級政府公開部門和機構工作的公務員。

二、森林遊樂之公共行政管理（public administration）

森林遊樂區的服務人員之業務推行：在上班時間執行自然與人文資源管理、遊客與服務管理，以及行政組織與人員管理的工作，謂之森林遊樂的公共行政。

森林遊樂之業務推行包括三個層面：行政結構（executive structure）、行政管理結構（administrative structure）及組織結構（organizational structure），分別說明如下：

(一)行政結構

金字塔型層級結構，層級間關係很嚴格，上級（行政決策）領導下級，下級必須嚴格執行上級的命令，如美國聯邦政府森林遊樂的行政結構（**圖4-1**）。

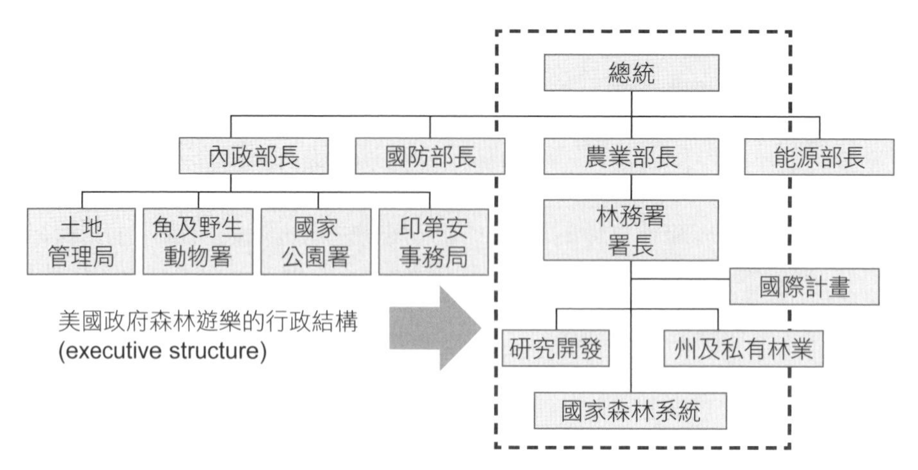

圖4-1　美國政府森林遊樂的行政結構

圖片來源：作者提供。

(二)行政管理結構

國家行政機關對國內公共事務的管理，如農業委員會林務局管理台灣地區的造林生產、保育、森林企劃、集水區治理與「森林育樂」[3]。

(三)組織結構

政府行政機關（組織）各成員、單位、部門和層級之間的分工合作，以及聯繫、溝通方式的架構，很多時候會與行政管理結構結合而成行政組織結構，如澳洲政府農業部的行政組織結構（**圖4-2**）。

三、台灣的森林遊樂行政管理

(一)台灣的森林遊樂行政結構

台灣森林遊樂行政結構為中央政府行政院下轄的三個執行機關，分

[3] 早期政府倡導「新生活運動」，口號為「食衣住行育樂」六育並進，所以多用「育樂」一詞代替遊樂說法。

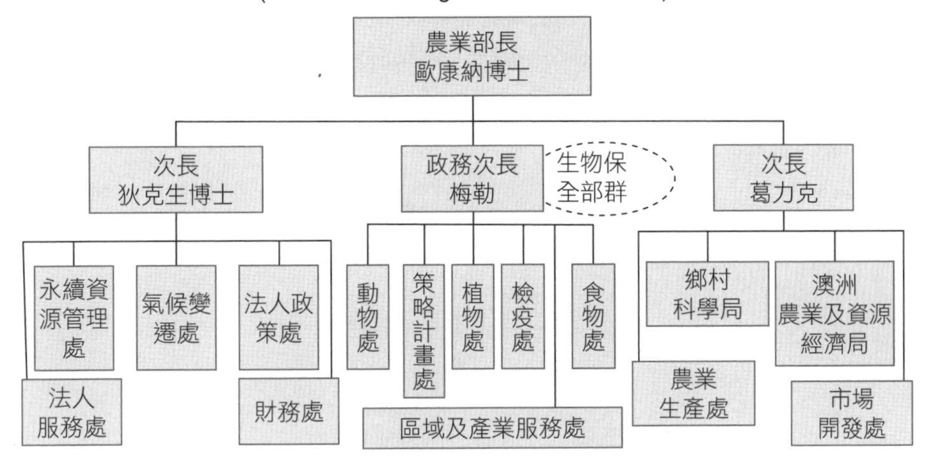

圖4-2　澳洲政府農業部行政組織結構

圖片來源：作者提供。

別是農業委員會（簡稱農委會）、教育部與退除役官兵輔導委員會（簡稱退輔會）（**圖4-3**）。

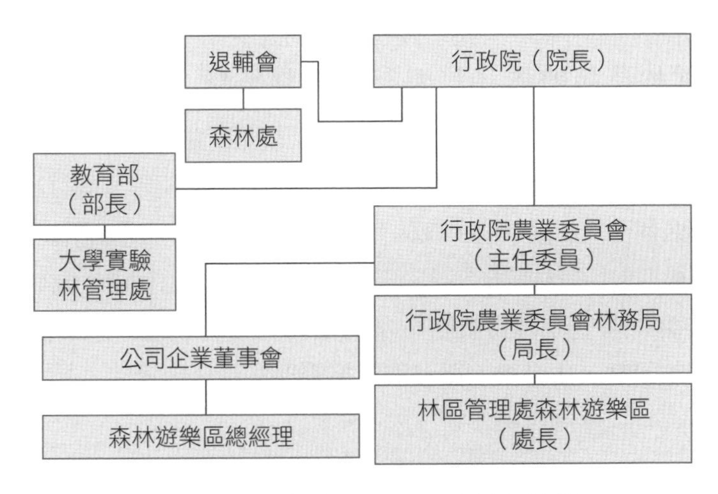

圖4-3　森林遊樂公共行政的執行結構

圖片來源：作者繪製。

(二)台灣的森林遊樂行政管理結構

行政院轄下之三個執行機關各有其附屬的森林遊樂管理機構，如農委會有林務局，教育部有國立大學農學院的實驗林管理處，退輔會有榮民森林保育事業管理處，專責經營管理業務的推動（**圖4-4**）。

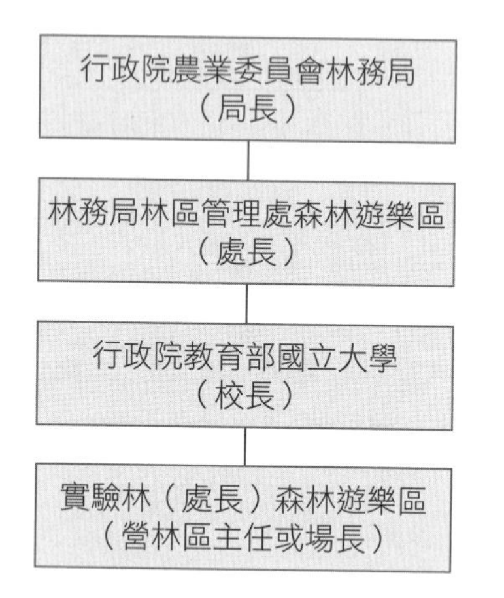

圖4-4　台灣森林遊樂行政管理結構

圖片來源：作者繪製。

(三)台灣林務局的森林遊樂行政組織結構

行政院農委會林務局本部位址在台北市杭州南路，領導階層編制一位局長、二位副局長及一位主任秘書，下有包括森林育樂組等六個行政業務單位（組）與四個行政支援單位，森林育樂組下分遊樂服務與設施管理三科，局本部所屬機關包括農林航空測量所及羅東等八個林區管理處（**圖4-5**）。

農委會林務局森林育樂組職掌的業務內容有三項：遊樂活動、遊客服務與設施管理，由遊樂、服務與設施管理三科分別管理，其主要工作項目有二：

◆建置國家森林遊樂區

目前已開放供國人休憩旅遊的計有18處國家森林遊樂區，每年約提

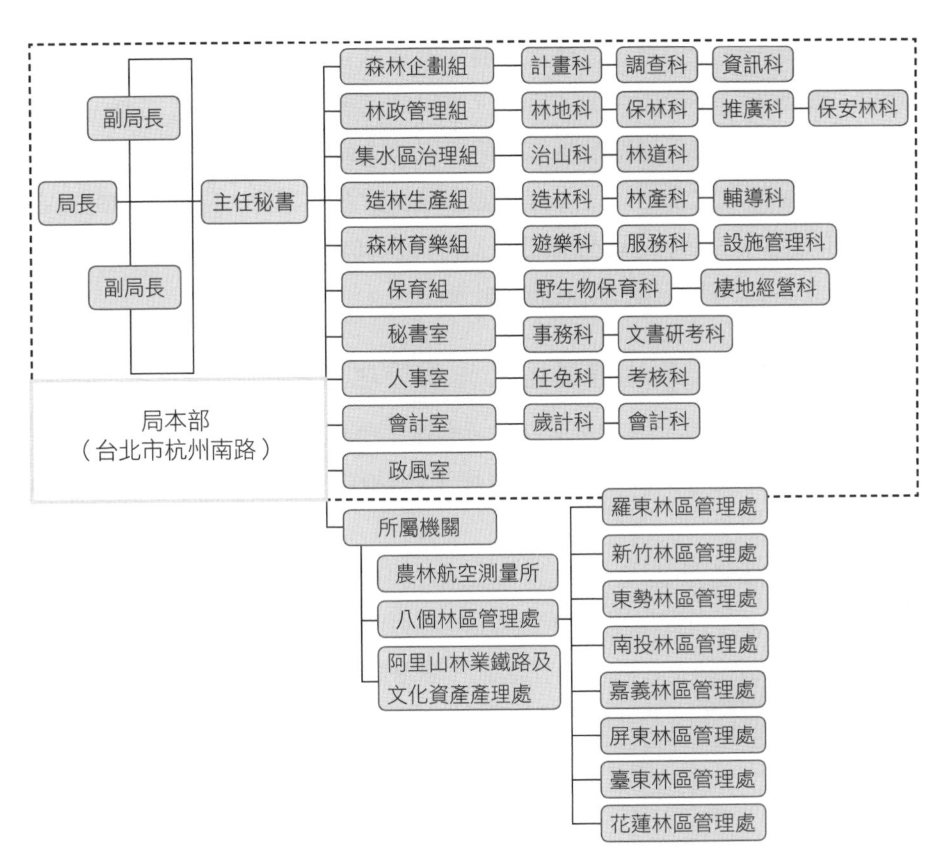

圖4-5　行政院農委會林務局之行政組織結構

圖片來源：林務局官方網站。

供300萬人次之國民旅遊與戶外遊樂機會，條陳如下：

1.北部地區（5處）：太平山、東眼山、內洞、滿月圓、觀霧。
2.中部地區（5處）：大雪山、八仙山、合歡山、武陵、奧萬大。
3.南部地區（4處）：阿里山、藤枝、雙流、墾丁。
4.東部地區（4處）：知本、向陽、池南、富源。

◆開發全國步道系統

配合行政院呼應民間發起「開闢千里步道，回歸內在價值」社會運動，擴大為全國步道系統之建置發展，期透過完善的軟硬體及豐富的遊程規劃，賦予步道系統新生命及定位。完整的步道系統應包含生活圈、連結動線、轉運站、接近道路及步道本體等五大向度。許多具有自然、人文及景觀等資源特色之步道，足以作為國家環境資產的表徵，部分則藉由步道系統的發展，連結旅遊區帶，每年約可提供360萬休閒遊憩旅遊人次，帶動的人潮甚或具有繁榮山地與農村社區功能。

(四)林務局國家森林遊樂區之行政管理結構

林務局已建置之18處國家森林遊樂區，分別由8個林區管理處負責經營管理，編制在育樂課之下或由現場工作站作任務編成營運管理（**圖4-6**）。

國家森林遊樂區之行政管理工作為任務編組，設一名行政主管（administrator）負責現場領導工作，現場行政主管在主管機關林務局多為林區管理處工作站主任兼任，在國立大學附屬之森林遊樂區或為林場場長或為營林區主任兼任，下轄營運作業與行政支援兩組（部門）（**圖4-7**）。

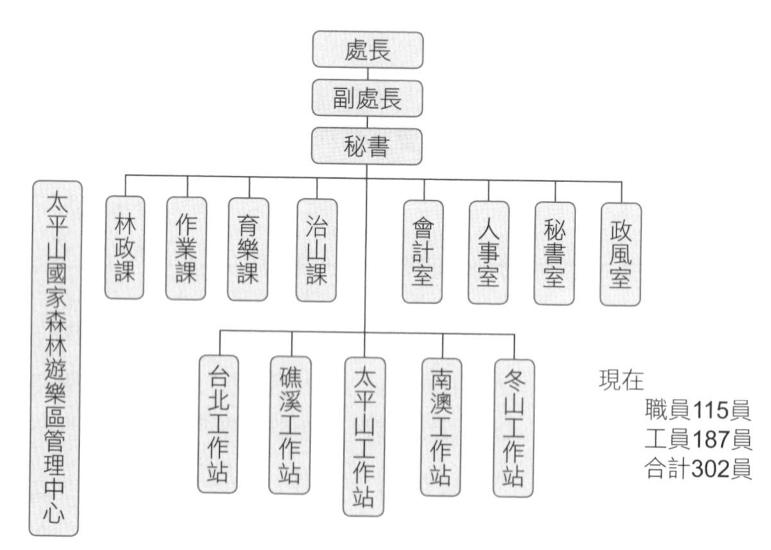

圖4-6　林務局羅東林區管理處行政管理架構

圖片來源：林務局羅東林區管理處官方網站。

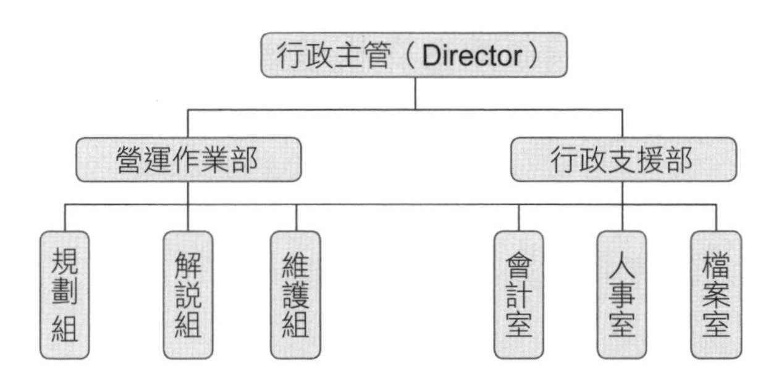

圖4-7　國家森林遊樂區之行政管理結構

圖片來源：作者繪製。

(五)林務局國家森林遊樂區之組織結構

國內森林遊樂管理單位的員工亦包含非現場工作人員（林區管理處、大學實驗林管理處員工），他們工作場地不在森林遊樂區內，故森林遊樂區就像林區管理處所轄之「遊樂體驗」暢貨中心（outlets）。行政院農業委員會林務局雖將其定位為國家級森林遊樂區，但實際上現場管理單位卻是中央政府的四級單位在負責（行政院—農委會—林務局—林區管理處），而執行單位更是等同於五級單位的工作站，由主任在現場安排日常例行工作，如新竹林管處實際分由四個工作站經營新北市三峽區滿月圓、烏來區內洞、桃園市復興區東眼山與苗栗縣泰安鄉觀霧等四個國家森林遊樂區（**圖4-8**）。

遊樂區名稱	所在地	管理單位
滿月圓	新北市三峽區	竹東工作站
內洞	新北市烏來區	烏來工作站
東眼山	桃園縣復興鄉	大溪工作站
觀霧	苗栗縣泰安鄉	大湖工作站

圖4-8　新竹林管處國家森林遊樂區管理單位

圖片來源：作者繪製。

(六)台灣其他公營機關組織之森林遊樂行政管理

◆行政院農業委員會林業試驗所[4]

1.台北植物園（台北市南海路53號）。
2.福山植物園（宜蘭縣員山鄉雙埤路福山1號）。

◆行政院教育部

1.中興大學實驗林惠蓀林場森林遊樂區（南投縣仁愛鄉）。
2.中興大學實驗林新化林場（台南市新化區新化國家植物園）。
3.台灣大學實驗林溪頭自然教育園區（南投縣竹山鎮）。

◆行政院退除役官兵輔導委員

1.棲蘭森林遊樂區及棲蘭神木園區（宜蘭縣大同鄉）。
2.明池森林遊樂區（宜蘭縣大同鄉）。
3.武陵、清境與福壽山農場（台中市和平區）。

第二節　森林遊樂行政機關之組織運作

一、組織成員的職責與職掌

(一)職責與職掌

訂定人員之業務職掌及確立績效考核辦法，行政組織要運轉順暢，工作有績效，則必須明確的規範所有職位人員之業務職掌及責任。利用職位說明書[5]（job description）及分層負責明細表可以協助組織人員建立負責盡職的觀念（圖4-9）。

---

[4] 台灣的林業試驗與研究機構。

[5] 職務說明書由職務描述與職務規範兩部分組成，職務描述是說明某一職務的職務性質、責任權利關係、主體資格條件等內容，職務規範是任職者任用條件的具體說明。

賓果遊戲部經理
職位說明書

日期______

職務名稱　賓果部經理
部門　娛樂場賓果部
主管　娛樂場經理
工作摘要　所有賓果遊戲作業

重要功能：
1. 負責所有賓果遊戲操作
2. 建立賓果大獎項目
3. 負責召募人力及人事表報作業
4. 舉辦促銷活動與招睞顧客

職務知能：
1. 具備所有娛樂場賓果遊戲操作各方面的知識
2. 知道所有賓果遊戲規則
3. 行銷的技術

圖4-9　組織成員的職位說明書

圖片來源：作者提供。

(二)監督與授權

◆**責任區分及考核（responsibility and accountability）**

幾乎每個人都渴望擁有職權（authority），但擔負職責（responsibility）及接受監督考核（accountability）卻是每個人都想逃避的，透過每年的考評與考績表[6]實施員工績效考核有助於強化員工的工作業務表現。

◆**建立行政組織之監督管理（controls）機制**

行政組織內有兩項特別需要監督管理的部分，一是人事（personnel），另一是財務（fiscal），所以應有如下制度：

1.監督需要職權，故人事與財務主管編階必須為組織內較高階職位的一級主管。

[6] 考試院銓敘部官方有制定全國公務員考績表，行政機關則有自製考核表。

2.財務部門包括會計預算部門及總／庶務部門，應有兩位主管負責，下屬之出納及採購亦必須分屬於不同科室的中階主管監督負責。

3.組織內另有一任務編成小組，由組織內各部門資深人員組成，專責程序作業功能評估（operations evaluation），直接對行政主管報告。

4.部屬管控幅度之定義：一個主管能夠成功掌握控制部屬工作執行的能力。每一個主管領導能力不一樣，如果主管領導執行工作目標較複雜任務，太多的部屬分頭執行，結果工作失控，此就是說該主管控管幅度已超出了他的能力。控管幅度可為組織內針對工作性質而調配人力資源的參考，基本原則是以主管有能力掌握部屬的人數為考量（**圖4-10**）。

◆組織領導知能：有效授權及決策

1.有效授權（delegation）：即主管授權交付屬下任務後，屬下在執行任務過程中與主管的工作意圖相左（看法或做法不同），但主管仍能全力支持屬下的做法。

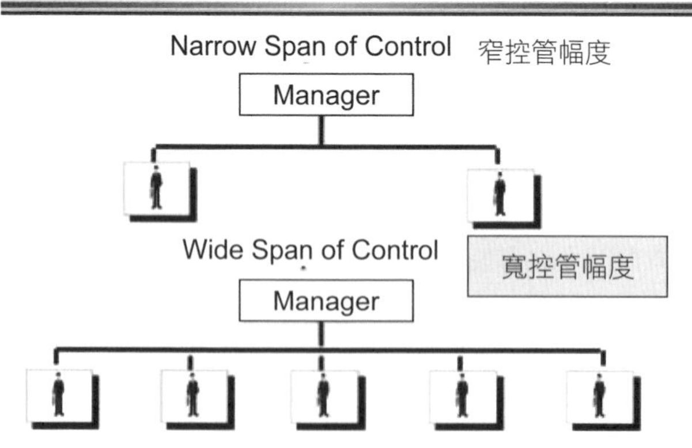

圖4-10 組織管理的下屬控管幅度

圖片來源：作者提供。

2.有效決策（decision making）：決策者也，簡而言之，在一種不確定狀況下做決定，部分受限於知識之不足，部分受限於時間之不足，部分受限於技術之不足。一些問題印證及問題解答可採用規劃之技術得到改善，但規劃並不保證其確實性，理論性技術用在找出資源問題及準備建議解決方案並不能確保正確之解答，而只是在一種或然率下做處理。這些技術之應用可能代表一些較高程度之理論性，但對於人類行為中屬非理性及不合理之層面亦應包括在決策制定之矩陣模式中。高階主管需具備適時（timely）及妥當的決策能力，在嘗試尋找解答時識別問題（problems）及機會（opportunities）。

二、組織編制內人員的作業功能

(一)直線與幕僚作業

行政組織工作人員區分為直線及幕僚人員（各司其職分工合作），直線及幕僚人員（line and staff officers）的作業功能（job functions）為：

1.直線人員的職位是處於行政主管下屬的垂直線上，擔負接收或發布命令、指揮、決策及協調的工作。

2.幕僚人員的職位是處於組織結構圖上的水平位置，擔負研究、規劃、編製財務預算及處理行政主管交付之工作，並不執行指揮與發布命令的任務（**圖4-11**）。

(二)合作與協調（coordination）作業

組織內部門與部門間，各部門內工作人員間因為工作分配的關係，可能會有重疊、重複或留白（overlapping, duplication, and voids）的情形，也可能會有職務或職責衝突（conflicts），故安排部門內及組織內會議（meetings）讓工作努力的成果可以有機會協調整合，也可讓組織內所

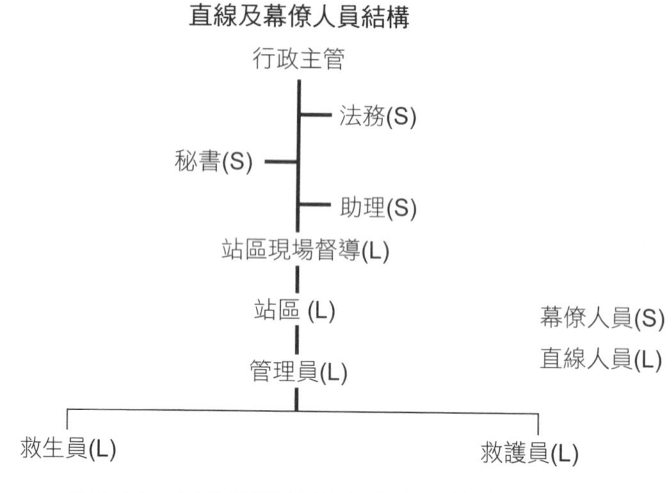

圖4-11　行政組織結構中直線及幕僚人員

圖片來源：Sharpe, W. G., etc.al (1983). *Park Management*, p.26。

有成員熟悉彼此之工作職責。需要協調才召開會議，過度安排固定時間舉辦會議是為會議而會議，有時反而浪費人力及時間資源，很容易會衍生出會而不議，議而不決，決而不行的結果（**圖4-12**）。

圖4-12　行政機關部門之內與部門之間的協調會議

圖片來源：作者提供。

第三節　森林遊樂區行政人員組織管理

國家森林遊樂區需召募任用的合格人力可分三類，第一類為自然資源管理專長者，工作內容包括導引解說、確保遊客安全及執行法令；需具備公園及遊憩管理或森林學士學位，並輔之以歷史、鳥類及其他自然科學的專業知識。第二類為遊樂資源管理專長者，入門職位需要有學士學位且修過森林學、戶外遊憩或林地管理等課程，高階職位則須具備遊憩與休閒研究的學位，且曾修習過人文與自然資源、戶外遊憩活動相關學分。第三類為山村遊憩專長者，精通於各種團體活動的企劃，具有很強的組織能力、有效的溝通能力和公共關係技巧，其學術背景的條件為遊憩與休閒服務碩士學位。

國家森林遊樂區編制內的工作人員依其工作業務職掌可分技術職與事務職，分別處理遊樂資源管理及遊客服務與管理等事項，行政主管[7]則藉人力資源管理與人事管理達成組織工作目標，分別說明如下：

一、人力資源管理（human resources management）

森林遊樂區之淡旺季分別明顯，旺季時常需要召募大量兼職臨時人員，人事部門須依據歷年淡旺季狀況調配所有的工作人員數量。兼職員工一般多在餐廳、販賣部、停車場與入口區收費站工作，運用之工作目標是能提供到訪遊客優質良好的服務，協助部門完成經營指標和獲取利潤，以確保遊客的滿意度。

管理單位執行各項方案常是團隊力量的展現，人員組織編制有其工作執行上的限制，透過專案人力資源管理能發揮最大工作效能。所以人力資源管理是處理森林遊樂區較長遠之願景，基於個人能力基礎，不局限於編制的職系或職級，整合全體管理人員之工作力量以達成既定的業務目標（defined business goals）。

[7] 一般為工作站主任或是林場場長。

二、人事管理（personnel management）

包括人員聘任僱用、訓練及照顧員工福利，員工之監督及激勵，兼職員工之運用與工會，人事管理的工作原則就是對人不對事，關懷員工與任免單位主管。

人事業務包括：規劃組織架構、完成人員組織架構圖、製作業務職掌及績效考核書表（forms）、監督管理（controls）、聘任僱用、訓練、升遷及照顧員工福利、確立指揮控管幅度、員工之監督及激勵（staff supervision and motivation）、兼職員工之運用。

幾乎每一個人都渴望能擁有職權，但擔負工作職責及接受業務監督考核卻是每個人都想逃避的；森林遊樂區的組織要運轉順暢，工作要有績效，則必須明確的規範所有職位人員的業務職掌及責任。監督工作需要職權，故人事與財務兩單位之主管必須為森林遊樂區管理單位內較高階的一級主管。財務部門包括會計預算部門及總／庶務兩個部門，應該有兩位主管負責；下屬之出納及採購工作亦必須分屬不同的中階主管負責。

機關員工是森林遊樂區最主要的資產（assets），第一線人員的監督與激勵攸關整體的遊客服務品質。給予現場員工績效獎金、全勤獎金、除夕／初一／初二值班的春節紅包、年終特別獎金（視遊樂區當年度的獲利狀況及員工的個人績效決定）或旅遊獎勵（incentive travel）具激勵作用，是行政機關人事管理工作中最重要的一環。

問題及思考

1.森林遊樂行政管理的結構分為哪幾種類型？
2.台灣的森林遊樂主管機關為哪一個行政單位？
3.台灣有幾個國家森林遊樂區，在全島四地區的分布情形為何？
4.何謂行政主管的有效決策與授權？

森林遊樂區設施開發與維護管理

學習重點

- 認識森林遊樂區內之設施（facilities）之類型（types）、功能（functions）及發展特性（characteristics）
- 知道在發展森林遊樂區內各項設施時之考量的重要步驟
- 瞭解森林遊樂區設施維護工作之項目及內容
- 熟悉設施維護工作執行之方法與工具（techniques & tools）

第一節　設施的定義、概念與功能

一、設施的定義

設施（facilities）用以使事物簡單化或便利化。便利、舒適及安全是設施帶給森林遊樂區遊客最主要的利益。

「設施」這個專有名詞包含了許多地區及建築物，舉例來說，野餐桌、野餐區、營火圈、露營區、行政管理中心、水電公共設施、步道、指示牌以及遊客使用強度極高的停車場都算是設施。

森林遊樂區範圍內任何人工的、建造的、改良的、需要被維護（maintained）的建築物（buildings）或需要被改進（improved）及維護的地區（places），都稱作是設施[1]（**圖5-1**）。

圖5-1　整片湖泊景觀遊樂區域都稱作設施

圖片來源：作者提供。

---

[1] 一大塊須修剪的草皮活動區、一片美麗的景觀紅檜或柳杉人工林或安全的水域活動區都稱作設施。

二、設施的概念

放任遊客漫步在一個沒有提供廁所、野餐桌椅或步道的地區，等於是踐踏蹂躪森林生態脆弱地區，管理單位需要發展森林遊樂區之露營地設施，是因為可以保護整個園區不受任意紮營遊客的破壞。對遊客來說，便利性是其首要，開車經過一條鋪設過的路面前往規劃良好的露營地要比費盡功夫尋找一個搭建營帳的地方來得要方便。

建立設施有助於集中遊客群體，可以適當控制森林區的實質環境與生態承載量（physical and ecological carrying capacity）（**圖5-2**）。

三、設施的功能

森林遊樂區內的設施共有四大功能（functions）：

1.提供及滿足森林遊樂區遊客的遊樂需求（needs）。
2.保護森林遊樂區避免遊客在使用上之衝擊（impacts）。

圖5-2　遊樂設施除了服務遊客亦是環境管理工具

圖片來源：作者提供。

圖5-3 美國明尼蘇達州奇珀瓦國家森林（Chippewa National Forest）入口區的意象識別設施

圖片來源：作者提供。

3.設施是森林遊樂區管理與維護工作時使用之工具（tools）。

4.同時創（塑）造出森林遊樂區之正面或負面的意象（positive or negative images）（**圖5-3**）。

四、森林遊樂區設施的使用分類

森林遊樂區內的設施依遊樂使用與功能來歸類，可分為日間與夜間使用區設施及支持性公共設施，說明如下：

(一)日間使用區（day use areas）

1.包括野餐區、游泳區、划船區、路頭區（內含登山步道、腳踏車道、自導式騎馬道之入口區）和步道、即興遊戲區、解說區、冬季運動區等類的設施。

2.日間使用區應設計成容易到達、風景優美令人心曠神怡、能充分發揮遊樂機能及只需要做最少的維護工作。

(二)夜間使用區（night use areas）

夜間使用區包括露營區、團體露營區及住宿區，每一種類都應設計成提供使用者一個愉快的經驗，而且為了避免使用團體彼此之間的衝突，應該和日間使用區分隔開來。

(三)支持性公共設施（supportive facilities）

1.包括洗滌與飲用水管線、衛浴設備、停車場、安全裝備及道路等，這些公用設施分布在日間及夜間區並供管理單位員工使用。

2.服務設施、商店、辦公室及員工宿舍應設置在遠離遊憩使用區。遊樂區提供之供水、電力設備及電訊服務線路等基礎設施（infrastructures）應埋設於地下。

五、森林遊樂區的設施名稱（facilities item）與功能概述

(一)建築物（buildings）

1.建築物為森林遊樂區設施中一個特殊的類型，包括行政管理中心、多功能解說中心、遊客中心、維修中心、員工宿舍、入口收費站及史蹟區的建物。其他供遊客使用之建築物尚包含：露營區管理站及一些餐飲、住宿客房、浴室或各種供租借的建築物。

2.因為建築物格外引人注意，所以外觀設計和選用之建築材料可以增加森林遊樂區的整體價值。選用材料應盡量就地取材並根據其外觀、耐久性及易於維護等因子做考量，建築物的位置應該交通便捷，且外觀與現場環境相融合（**圖5-4**）。

(二)野餐區（picnic sites）

◆野餐活動與野餐區功能概述

1.野餐是西方人最喜歡的日間休閒活動，野餐區可設在任何地方，適

圖5-4　建築物選用的建造材料應盡量就地取材

圖片來源：作者提供。

當平坦的地面，並有遮蔽物，加上優美景觀就會使那個地區野餐活動價值增大。

2.野餐區的設施包括餐桌、瓦斯爐具、垃圾桶、洗滌台、廁所和停車場。

◆野餐區之設計原則

1.瓦斯爐具或烤肉架應當要遠離樹木。

2.垃圾桶應該設置在讓維修人員容易到達之處，但還是要與周遭的環境相互協調。

3.團體野餐區應與家庭野餐區分隔開來，以免彼此影響。在團體野餐區，野餐桌椅是相連而且更制式化的擺設，各桌之間不需要瓦斯爐具或烤肉架，團體野餐區只要一個有大型爐灶、水、餐桌及能讓遊客免於日晒或雨淋的大型涼亭（**圖5-5**）。

圖5-5 野餐區要有適當平坦的地面並有遮蔭喬木

圖片來源：作者提供。

◆野餐區的附屬設施

1.固定廚具（房）或野餐亭（community kitchen or picnic shelter）：團體野餐區一般會提供團體遊客固定設置的團體用餐涼亭與烹煮「團菜」的廚房，遊客們無需自行準備餐飲，此時段則安排野餐計畫中團體的遊樂活動。

2.野餐桌（picnic tables）：區分為固定或移動式野餐桌，一般以4-6人座為最適當。

3.固定或移動式烹飪瓦斯爐具（fireplaces or stoves）。

4.戶外用烤肉架與瓦斯爐具（outdoor stoves & grills）（**圖5-6**）。

(三)游泳區（swimming areas）

屬於游泳區的設施包括：

1.救生員瞭望台（lifeguard towers）。

圖5-6　固定式團體廚房與野餐桌椅

圖片來源：作者提供。

2.浴室（the bathhouse）與販賣部／小賣店（concession stand）。

(四)船舶遊樂區（boating areas）

屬於船舶遊樂區的設施包括：

1.船塢（docks）與碼頭（mariners）。
2.停車場與拖車迴轉空間。
3.船舶下水斜坡（boat ramps）（**圖5-7**）。

圖5-7　游泳區與船舶遊樂區的設施

圖片來源：作者提供。

(五)森林家庭露營區／地（campgrounds）

◆森林家庭露營區功能概述

1.露營區是經過設計建造之戶外過夜與遊樂使用場地，主要目的在提供遊客住宿餐飲、衛浴設施及景色優美的安全野營活動。

2.露營區設施是森林遊樂區適合的管理工具，因為它降低遊客帶給敏感生態地區的衝擊。

3.露營區允許集中化的服務，道路已經設計成可容納汽車停泊，此意味大部分露營客已經習慣開車抵達這些據點。露營房車帶給人們機動性，家庭成員可在露營活動參與中分享經驗。

4.露營是戶外遊樂主要的部分，對許多遊客來說，露營地的休憩經驗——營火晚會、戶外烹飪（野炊）改、變心境以及回歸大自然都是露營活動的所有要素。

◆露營區之設計原則

1.家庭露營區是混合自然情境及便利之營地，森林露營地具原始性森林遊樂活動機會，由為數不等的露營單位依其規劃之用途所組成，一般可分為集中或分散使用區的露營地。

2.分散之露營單位提供一定程度之隱私性，各單位距離在30公尺以上，但因為還算聚集在一起，0.5公頃土地中約有4～6個露營單位，故可建造一些水電、衛浴、洗衣間設施，方便遊客享受家居生活之便利性。

◆森林家庭露營區的附屬設施

1.營火圈（fire ring）。

2.露營車廢水收集站（dump stations）。

(六)森林區團體露營地（group camps/ organized camps）

◆森林區團體露營地功能概述

專供青少年或兒童冬令或夏令營會（winter or summer camps）與商業或機關團體所使用，團體營隊學習活動的教室、營火場地、住宿營舍、團體餐廳（含廚房）、戶外活動廣場（含露天劇場）、運動與遊樂設施及輔導員辦公的行政管理中心等是營地組成的基本配備。

◆團體露營地之設計原則

1.團體露營應當和其他森林遊樂區設施隔離開來以減輕營隊成員的分心以及確保團體露營者的隱私及安全，這樣也保護了其他使用者遠離團體露營活動傳來的噪音。

2.團體露營設施應具標準化及安全性[2]，特別是飲用水的供應，廢汙水處理等。

◆商業或機關團體露營地之設施

包括道路及步道系統、停車場地、標誌系統、員工辦公室的建築物、廚房設施、餐廳、緊急救護保健室、供員工及露營客住宿的小屋或宿舍、衛浴設備，可供一般飲用及滅火的儲水、教學或實作教室、營火圈、休閒娛樂用俱樂部、游泳池與遮陽用的蔭棚區。

(七)道路系統（the road system）

◆道路系統功能概述

1.森林遊樂區的道路包括入園道路、遊客大眾服務道路以及補給直通道路。

2.由於這些道路提供主要循環及通往特色地點使用，因此位置必須仔細考慮，以避免影響到敏感地區。

---

[2] 有關標準化及安全資料一般在露營協會都可取得。

◆**道路系統之設計原則**

1.森林遊樂區道路設計應該是位於能獲得在地形及景色條件下的最佳利益，以保持公園特色的最少阻礙方式為之。

2.一般設計者會嘗試在坡地以挖填方式（cut-and-fill）開設道路，以達到最小量開發並減少在路面留下痕跡的目的。

3.道路鋪面的選擇須配合現場環境與經費條件，可採用的鋪面材料有瀝青、水泥、紅磚、花崗岩片、沙岩石板、鵝卵石、級配、沙礫與木屑等。

◆**屬於道路系統的設施**

包括指示牌（signs）、停車場（parking areas）、交通管控及路障（traffic control & parking barriers）、路頭（trailheads）、小路／步道（trails）與路橋（trail bridges）。

◆**路橋之設計原則**

1.路橋提供登山健行者、騎腳踏車者、騎馬者及維修車輛使用，在某些例子中，一座路橋必須做以上全部使用，至於在其他地方可能被設計成僅提供步行使用。

2.用於路橋的材料包括混凝土或木材支撐物，木製支撐框架、扶手及木材鋪板，所有的木材都必須做乾燥與防腐處理。

3.大部分橫跨在旱溪上的人行路橋都不需要裝設欄杆，然而跨越的溪谷高度在3英尺（1公尺）以上的路橋，至少要在一邊裝設安全欄杆供做遊客的扶手。

4.人行步道上的路橋適合設置在森林中的任何地點，因為常被遊客當做為拍攝照片擷取美景用的背景畫面（**圖5-8**至**圖5-10**）。

(八)兒童遊戲區（playgrounds）

兒童遊戲區是任何遊樂場域必備之設施，專供學齡前、學齡幼兒使用，可以讓家庭旅遊成員在此親子同歡共享溫馨之樂，鄰近野餐區、戲水區或即興活動區都是很好的位址選擇（**圖5-11**）。

圖5-8　停車場與管控路障

圖片來源：作者提供。

圖5-9　路頭設施區包括布告欄、廁所與步道入口

圖片來源：作者提供。

圖5-10　無、單與雙護欄之路橋及空中步道

圖片來源：作者提供。

圖5-11　森林遊樂區亦需要提供幼兒遊樂設施

圖片來源：作者提供。

(九)即興活動區（impromptus areas）

◆即興活動區功能概述

1.資源導向森林遊樂區會提供很多各式各樣的運動設施，但通常不提供做比賽運動使用。

2.平坦的開放空間可以刺激遊客玩壘球、排球、橄欖球、丟飛盤（throw frisbees）、放風箏（sail kites）或玩模型飛機等即興遊戲，玩羽毛球和排球的遊客常會帶自己的用具，管理單位有時提供遊客阻擋球的攔網、球門、槌球遊戲場地和馬蹄鐵修理站。

◆即興活動區之設計原則

可能的話，本區應該介於野餐區及露營地的中間位置，如此兩區的遊客皆可使用此場地，設在沙灘和其他草皮地區也都很適合。

(十)解說區（Interpretive areas）

◆解說區功能概述

1.解說區的基本設施包括布告欄（bulletin boards）、陳列展示亭（exhibit shelters）或解說標誌（interpretive signs）。陳列展示亭設置在路頭區、停車與景點區之間及景點區之內。

2.一些具解說服務之遊客中心包括：廁所、辦公室、諮詢處、展覽室及一個演講廳。遊客除了學習之外，還可以探索地區的文化和自然的歷史。

3.解說步道利用景點設置之標誌或在解說手冊上提供資訊，讓遊客對自然地區的環境衝擊能減低到最小。

◆解說區之設計原則

1.解說步道因密集使用，需要不斷地維修，故步道長度必須少於1英里（1.6公里）。

2.野生動物觀察（潛伏）堡及觀景台提供遊客趨近的野生動物，以利學習及攝影。

(十一)冬季運動區（winter sports areas）

冬季運動區內提供的遊樂活動包括陡坡滑雪（downhill skiing）、越野滑雪（cross-country skiing）、雪鞋踏雪（snowshoeing）、滑冰（ice skating）、駕駛雪車（snowmobiling）及雪地遊戲（snow play）[3]。需要的設施為有暖氣的小屋、販售熱飲及餐食的櫃檯、廁所、急救站與租借裝備及保管箱服務站。

(十二)垃圾回收系統（refuse or trash receptacles）

管理單位在重複使用（reuse）、減量（reduce）與回收（recycle）的3R's原則下將垃圾區分為：

1.可回收與一般垃圾兩類。
2.塑膠、鐵鋁罐、紙類與玻璃瓶罐等四類回收處理方式。

(十三)衛生及汙水系統（toilets & sewage）

森林遊樂區內依照遊客使用區所在位置，需要提供的廁所設施的類型有抽水馬桶式（flush）、化學分解式（vault）及野戰坑洞式（pit or box）廁所，說明如下：

1.抽水馬桶廁所：設立在遊客集中使用區，水源充足，通風明亮且須有化糞池（septic tank）及排放滲透入土壤的設計。
2.化學分解廁所：舉辦大型活動時配合設置，具行動效果。
3.野戰坑洞廁所：設立在偏遠且乾旱水源缺乏的地區。

3　堆雪人、丟雪球、打雪仗等雪地活動。

(十四)供水系統（the water supply）

洗滌與飲用水、衛浴設備、停車場、安全裝備及道路等這些公用設施分布在日間、夜間區及供員工使用。遊樂區提供之供水、電力設備及電訊服務線路應設置在地下。

(十五)住宿區（lodging areas）

住宿區內的設施從簡單的炊事帳蓬到外觀設計典雅的住宿別館或大小規模的餐飲設施都可設置，這些設施有的可委外包租，有的可自營，端視管理單位的經營目標與人力使用情形。住宿區內的服務設施、商店、辦公室及員工宿舍應設置在遠離遊樂使用的空間區。

(十六)布告欄（bulletin boards）

布告欄所在的位置包括小路邊空曠區、觀景台、路頭、史蹟區、解說中心、入口區及管理站等，只要是遊客集中的地區，甚至廁所外的開放空間都可設立。

布告欄使用的材料包括白色琺瑯粉末塗裝冷軋鋼板、木框內裝設層板軟木、鋁製外框內裝磁性綠色PVC布，設立於戶外的布告欄，可加裝遮雨用的頂篷（roof）與玻璃櫥窗。

(十七)長椅（park benches）

長椅以可以設置在觀景台、濱水區、露天劇院、戶外教室或沿著小路邊分布，滿足遊客遊樂活動的需要。堅固易維護是首要考量，與環境相融合、避免遊客惡意破壞，則是次要考量。

(十八)植栽（plantings）

很多灌木（shrubs）或小樹（seedlings）被種植充當遊樂據點的圍籬或屏障，花木植物也具有美化森林遊樂區的功能，所以廣義的說，植栽也是一種設施。高大的喬木具有樹冠層遮蔭及降溫的避暑效果，樹葉四季的變色能豐富遊樂的單調情境，所以植栽的景觀維護管理是森林遊樂區一項重要施業[4]。

第二節　設施維護管理

森林遊樂區屬於資源導向（resource-oriented）之休憩場所，設施維護管理（maintenance）的工作是現代森林遊樂經營之重點。將森林遊樂區設施依照須維護之工作性質劃分項目及範圍，製作維護工作及檢查時間表、安排訓練有素的人力、使用良好的維修工具，定時執行維護工作。

一、設施維護的工作項目及範圍

1.地表維護：草皮區、花木灌叢、走道小徑等（**圖5-12**）。
2.建物及公共設施維護：停車場、衛廁、指示牌、垃圾與汙水處理系統等（**圖5-13**）。

圖5-12　遊樂基地的地表維護

圖片來源：作者提供。

4 森林的修枝、疏伐撫育與伐採作業。

圖5-13　建物與公共設施需要定期維護

圖片來源：作者提供。

3.遊樂設施區域內之維護：

(1)水域遊憩區：游泳區設施、碼頭泊船設施、即興活動區設施等。

(2)野餐區：野餐桌椅、涼亭、烤肉與盥洗設施。

(3)露營地：露營單位、衛浴設施、標示牌與管理站。

(4)生態旅遊區：棧道、解說牌、觀景台與賞鳥用觀察堡。

(5)史蹟區等之維護（**圖5-14**）。

圖5-14　已報廢運木材用柴油車頭也需要維護

圖片來源：作者提供。

圖5-15　邊坡工事與地表的覆蓋建立

圖片來源：作者提供。

4.沖蝕預防及控制管理工作：如山地邊坡工事、裸露地表覆蓋的建立等（**圖5-15**）。

5.病蟲害及危險生物控制管理工作：如植物病蟲害排除、限制干擾性動植物活動區域與生長範圍等。

6.維修裝備之維護：如載貨車輛、通信器材、測量工具、巡查裝備等之維護。

二、設施維護管理工作之執行須知

預先建立書面之設施維護管理計畫供維護部門人員作為工作值勤之基準。避免執行時工作可能留白、重複或人員怠惰等沒有效率及效能的狀況發生，應先將例行性、計畫性[5]與緊急性[6]之維護工作預做人力分派之規劃，說明如下：

1.例行性工作依設施維護工作狀況檢查表安排監督檢查及維護人力。

[5] 油漆粉刷、屋頂修護與機油更換等。

[6] 水管破裂、道路坍方與機具故障等。

2.計畫性工作依季節性工作計畫內容安排受過訓練管理人員依作業手冊實施維護作業。

3.緊急性工作依人員專長排定緊急維護工作任務輪值表，維護紀錄（含裝備維護手冊）均需要建立檔案並定期監督檢討。

三、維護管理工作之執行程序

(一)劃分園區內相同性質之設施維護項目及範圍

執行以下工作：

1.建立設施維護標準（maintenance standards）。

2.將維護工作排定工作時間表，排定季節性（依工作性質區分春、夏、秋、冬季排程）工作維護項目表，以確保天候狀況適合各項維護工作的執行，將計畫性工作整合在其中（**表5-1**）。

3.制定日常例行性維護工作狀況檢查時間表（**表5-2**）。

(二)清查維護裝備執行後續工作

1.安排維護人員之訓練課程：設施維護工作需要使用各種操作工具或裝備[7]，為了讓員工能安全與熟練的使用這些維護工具與裝備，必

表5-1　森林遊樂區季節性工作維護時間表

項目(work schedule)	時間	工作內容
夏季工作時程	6月1日至9月1日	
秋季工作時程	9月1日至12月1日	
冬季工作時程	12月1日至4月1日	
春季工作時程	4月1日至6月1日	

資料來源：作者繪製。

[7] 如搬運機（小山貓）、鏈鋸、修枝剪、剪草機、手套與護目鏡等。

表5-2　維護工作狀況檢查時間表

日期（Date）： 檢查員（Inspector）： 部門（Division）：	滿意 （Satisfactory）	不足 （Inadequate）	評語 （Comments）
入口（Entrance）			
區域與道路 （Areas & Roads）			
步道（Trails）			
水電（Utility Center）			
地面（Grounds）			

資料來源：作者繪製。

須事先安排維護人員之訓練課程（**表5-3**）。

2.準備維護作業手冊（the maintenance manual），含建立裝備維護工作標準作業程序（SOP）。

表5-3　維護人員之裝備操作訓練時間表

員工	割草機	修枝剪	鏈鋸	垃圾卡車	植穴挖掘器	木工機具
張三	X3/1		X4/4		X12/30	
李四	X4/5	X5/6		X7/4		
王五					X11/29	X6/5
陳六	X5/6		X36	X2/9		
楊七		X6/7	X7/9	X9/9		X11/5

資料來源：作者繪製。

四、設施維護重點與原則

設施維護管理工作是所有森林遊樂園區日常工作中最重要的一部分，預先建立並實施維護管理書面計畫是有效達成森林遊樂區經營管理目標的方法。

設施維護計畫的實施，必須要有邏輯的操作步驟，包含區分工作項目與範圍、建立維護標準、製作人員訓練手冊及標準化作業程序，主要的目的是排定工作與有效人力。而設施維護工作實施之定時化及建立監督機制亦是有效維護的工作重點。

問題與思考

1.森林遊樂區開發設施之考量內容與步驟為何？

2.森林遊樂區之設施有哪些功能？

3.如何執行森林遊樂區日常的設施維護工作？

4.森林遊樂區設施維護工作之方法與工具有哪些？

第二篇 森林遊樂資源開發與活動管理

本篇共分為五章（六～十章），主要在闡釋森林區遊樂資源開發時，如何利用森林對人類的生理、心理、精神（心靈）與社會價值，導入可供遊客體驗享樂的遊樂活動機會與滿足其觀光旅遊時需要之安全、便利與舒適的設施。

第六章介紹森林遊樂區內兼具據點通達與提供遊樂活動機會的森林小路／步道；第七章講述一般遊客最喜愛的森林野餐與露營區內的設施與活動；第八章說明森林水域遊樂區（含兒童遊戲場）內主要的設施與活動；第九與第十章分別介紹適合遊客參與的現代社會流行之各類型遊樂活動與配套開發的設施，如生態旅遊、樂活保健、林業文化與有益遊客情緒智商（EQ）成長的森林遊樂活動與設施。

遊樂設施與活動管理：森林小路／步道

學習重點

- 認識森林小路／步道（forest trails）之種類及功能
- 知道森林遊樂區內小路／步道設計時之考量重點
- 熟悉供遊樂使用的森林小路／步道之位置、類型及設計
- 瞭解台灣與美國兩地在開發國家小路／步道（national trails）之現況與經驗傳承

第一節 森林小路／步道概述

一、森林小路／步道[1]之種類

(一)集中區內部小路（interior trails）

位於密集使用區（intensive use areas），以保護據點及導引遊客方向為開發之主要目的。規劃之初，就要以遊客的便捷為導向，要有完善方向指示標誌，以免遊客自行抄捷徑、走小路或像走迷宮一樣到處亂轉。此類內部小路應該要有表面覆蓋以方便遊客步行使用，較陡斜坡通道須輔以階梯降低坡度並避免土壤沖蝕。

(二)分散區外圍小路（exterior trails）

主要提供分散使用區之通道與遊樂活動使用，如登山健行、越野滑雪、腳踏車與騎馬小路，部分亦有第二功能，如消防撲滅野火或伐木與運送木材使用。

二、森林小路／步道之功能

森林遊樂區是屬於資源導向的遊樂場域，土地面積大且範圍廣闊，不管是供欣賞風景使用或是各個遊樂據點之間的連結通達，都需要有道路系統確保補給、維護與交通運輸工作之完成。森林小路為道路網絡的重要部分，其功能為協助遊客通達景點遊樂與欣賞沿途優美風景。

步道提供遊客安全便利的遊樂據點通達途徑，依遊樂機會選擇之路線特質又可分登山（hiking up）、湖濱（into lakes）、嶺線（ridge line）、溯溪（river trekking/ tracing）與自然步道等，設置的目的主要當

---

[1] 中文亦使用「小徑」一詞，強調沿路的景象／色（sights）。

作遊樂設施使用，供遊客登山、健行、越野（cross country）、賞景、攝影、探索（explore）、發現（discovery）或自然研習（nature study）。

現代社會提倡「森林健康學」的保健利用，成為林業三大支柱之一[2]，德國率先開設了「森林地形療法」（terrainkur），利用不同地形的步行運動建立保健體系，森林步道在其中就扮演了重要角色。

三、森林小路／步道設計時之考量重點

安全、地形地勢及路線設定（safety, topography, & alignment）是開發此類小路的首要考量。用小路／步道當作是遊樂活動分區及分隔（zoning & separation）的設施，以避免使用者團體之間因不相容的遊樂活動而產生使用衝突，則是次要考量。

道路兩側如有邊坡，應植草綠化或以草花美化，邊坡陡峭且面積大，必須設擋土牆或修造駁坎（embankment）護坡工程固定並輔以明或暗排水溝設施。設計時依據現行法令應保障身體殘障者權益，所以開發無障礙設施（barrier-free facility）亦應一併納入考量之中。

第二節　遊樂活動導向步道之項目與內容

一、登山步道（hiking trails）

登山步道的路徑最好不要經過夜間使用區（night use areas）的露營地與需要涵養的水源區，路線選擇要經過有獨特優美風景與可眺望遠方景觀之處，欣賞沿路風景及面對路途難度挑戰是登山者最大的樂趣。

山嶺線（山脊線）及沿山峰高處之登山步道最受遊客歡迎，沿山峰間谷地的地形線或溪河水岸湖濱線之步道也可欣賞沿途具有特色的風景。

---

[2] 另兩大支柱為資源與保安利用。

設計不同長度或難度的環狀步道，其間並以支線小路銜接，可供登山活動遊客視其腳程自行選擇參與。一般說來60公分寬路徑，無須鋪面即可（除非是陡峭傾斜之處）。在較多遊客使用地區，應儘量避免開闢「之」（zigzag）字型路徑，以免有遊客因為趕時間抄捷徑而踐踏道路邊坡，造成水土保持的破壞（**圖6-1**）。

圖6-1　登山步道以安全、地形地勢及路線設定為主要考量因子

圖片來源：作者提供。

二、騎馬小路（horseback riding trails）

騎馬小路多設置於平坦林地，遊客可以在森林區享受馳騁山林的暢快樂趣（**圖6-2**）。台灣屬於島嶼地形，不似歐美國家林地多在平原，國家森林遊樂區多位在中高海拔的山地，陡峭的地形並不適合騎馬遊樂，故目前尚無此類牲畜騎乘小路的開發，農委會林務局也無此構想。

圖6-2　大面積森林區之騎馬小路提供騎馬馳騁樂趣

圖片來源：作者提供。

三、腳踏車道（bicycle trails）

腳踏車道坡度起伏最好在上下6%之內，避免延伸的長途陡坡，若是難以避免，須增設休息站供遊客騎士休憩一下再出發及調整腳踏車變速裝置用。車道轉彎處至少鋪面寬度要在3公尺以上，並設警告道路標誌以確保使用者安全。

腳踏車道鋪面以瀝青最佳，級配混凝土路面次之，道路寬度以1.5～2.5公尺間為最佳（建造及維護成本尚可），路邊最好能將灌木叢清理出約2公尺的開放空間，保持視野及遊客騎士安全。

為遊樂區所有遊客的安全考量，腳踏車道應與汽機車道分開使用，如與慢跑步道等合併使用，必須做前進方向及速度方面的規範，台灣地區現已有位在南投縣仁愛鄉的國立中興大學惠蓀林場森林遊樂區內開發了此項遊樂設施，但管理單位目前尚未提供遊客腳踏車租借服務（**圖6-3**）。

圖6-3　中興大學惠蓀林場森林遊樂區的腳踏車道現況

圖片來源：作者提供。

四、雪車小路（snowmobile trails）

設有雪車小路之森林遊樂區，位址均必須在溫帶氣候區，一般說來，一年中至少要超過100天積雪不會融化。台灣地區僅有位在南投縣的合歡山森林遊樂區適合從事此種遊樂活動，但目前尚未考慮開發此項遊樂設施。雪車道區分為一般使用、團體使用與競賽使用等三類。

雪車道長度約在25～50公里間，最好以單行道的環圈方式起始，單行道路寬2～4.5公尺，如果是雙向道路，寬度至少4.5公尺以上。

五、滑雪步道（ski-touring trails）

遊樂設施與活動使用，包括越野滑雪（cross-country skiing）及雪靴滑雪（snowshoes skiing）[3]。台灣地區目前僅有軍事單位在合歡山森林遊

[3] 又稱熊掌鞋，是用於在雪地上行走的鞋具，能將人體的重量分散在更大的區域以避免在行走時陷入雪地當中。

樂區場域內進行特種作戰寒訓活動，尚未供遊樂使用，如管理單位與其合作，經由民間投資興建雪地「貢多拉」纜車（gondola）[4]直達武嶺，即使在其他季節也是一項景點區特色遊樂兼運輸設施。

設計成環圈狀（loops）的單行道，長度介於2～5公里，沿路平緩高低起伏，時有上下坡情況，最大坡度12%，路寬介於2～2.2公尺，最狹窄部分不得低於1.2公尺。沿途須設指示牌、警告標誌、距離及難度標示牌，休息站與廁所亦應設立並標明位置。

六、自然步道（nature trails）

亦稱為解說步道（interpretive trails），管理單位專門設計成引導遊客參訪森林遊樂區內地質、生物、史蹟或人文據點之步道，沿途說明方式及媒體的使用，包括雙向的解說人員、單向解說的手冊與摺頁、指示牌及視聽電子設備。

解說之旅使用的交通工具可能為汽車、船舶、負重的牲畜等運輸工具或遊客採用步行方式。步道寬度1.2～1.8公尺，鋪面為木板棧道、木片、碎樹皮、級配[5]或水泥路面皆可。

人行步道的長度以不超過1公里、坡度以低於15%為宜，以免遊客長途步行疲累，起始點最好各有一寬敞團體解說之空間，如路頭區（trailhead）；步道中的解說站或解說路途不應窒礙難行，讓遊客感覺旅途輕鬆舒適最好（**圖6-4**）。

---

[4] 小型車廂觀光纜車，有循環運輸功能，類似台北市立動物園的貓空纜車。

[5] 過鐵網篩選後不同尺寸等級的碎石子，鋪設路面因為顆粒尺寸接近，不至於顛陂難行。

圖6-4　各種道路鋪面的自然步道

圖片來源：作者提供。

第三節　台美兩地開發國家小路／步道之現況與經驗

一、台灣地區開發國家小路／步道之現況與經驗

西元2001年行政院經濟建設委員會召開「研商建立全國登山步道網會議」，決議由農業委員會林務局協調各相關單位，規劃整合建置全國登山健行之步道系統。

(一)步道系統建置發展目標

步道系統的建置與發展以各地既有步道為主，藉由系統規劃之方式，整合旅遊區域、景觀據點、環境資源特色，賦予步道系統新生命及定位。建置發展的目標如下：

1.以步道系統為脈絡，串聯各地旅遊區及景觀據點：藉步道系統連結森林遊樂區、國家公園、風景區等遊憩區域，延伸公共活動空間，形成多元穩定的自然旅遊網絡，完備生態旅遊基礎。

2.結合文化創意產業，展現區域風貌與特色：依據步道沿線之環境特色，結合步道周邊山村社區文化及農林產品，發展多元遊程及配套設施，促使自然環境、地區居民和遊客皆蒙其利。

3.均衡建置五大向度，完善發展整體系統：均衡建置步道系統五大向度，完善發展系統整體軟硬體配套，強化自然旅遊網絡交通、資訊、保育、體驗等可及性。配合管理規範，強化自然旅遊安全並降低周遭環境破壞，保護自然資源。

4.充實環境教育內涵，加強人與自然互動：導入多元活動，充實兼顧山林活動安全之環境教育，培養正確環境倫理素養。發展山林活力及潛力，加強人與自然之良性互動，提升社會整體正面價值。

5.導入公私協力機制，開啟多元參與：藉由公眾參與及公私協力等方式，兼顧環境倫理、改善環境行為。輔導山村提供適切服務，活絡地方產業，建立具環境共識及文化共識的社區，促進山林與地方社區永續發展。

(二)步道系統發展之內容

1.釐訂分級制度修訂規範，整合山林管理制度。

2.規劃全國步道系統藍圖，整體均衡發展。

3.落實推動無痕山林運動，內化環境倫理。

4.整建維護步道路體設施，維護環境品質。

5.建構導覽網頁及管理資訊系統，統一資訊平台。

6.辦理環境調查監測紀錄，掌握環境條件。

7.發行多樣化教材文宣，提供山林知識學習管道。

8.推廣自然創作，拓展山林活力與潛力。

9.推廣多元遊程創意活動，活絡地方產業。

10.活絡公眾參與，推展步道志工及公私協力。

(三)國家步道之分類

1. 第一類步道：海拔約1,000公尺上下，為容易到達之開放性步道，坡度較平緩，且設施完善，路面平整易行，約半天至一天內即可完成。如新北市坪林觀魚蕨類步道。
2. 第二類步道：海拔約1,000～2,000公尺高度間，為容易到達之開放性步道，坡度稍陡，或有少數困難路段，但設施完善，路面平整，約一天內可完成。如宜蘭縣太平山國家森林遊樂區松蘿、見晴及鐵杉林國家步道。
3. 第三類步道：海拔約2,000～3,000公尺高度間，部分路段需經過自然保護（留）區內須申請入園許可。部分路段路況較差，坡度較陡，但基本設施完善。路程為一天或一至三天。如台東縣阿朗壹古道、宜蘭縣太平山國家森林遊樂區山毛櫸步道。

(四)國家步道整建之原則

◆第一類步道整建之原則

1. 以中強度為設計原則，部分容許較高強度之設計。
2. 於不破壞景觀及生態環境下，提供安全、解說及遊憩等要求等級較高之服務設施。
3. 步道路線規劃上，應有明顯路徑，並利用不同設計手法，盡量降低地形困難度，以符合大眾旅遊。

◆第二類步道整建之原則

1. 配合步道環境及使用狀況，採用中至低強度之設計。
2. 在設施整建方面，大致維持環境原貌，僅在部分危及遊客安全特殊景觀點進行低限度發展及整理，且須依照生態工法進行。
3. 於步道路線規劃及整建過程，應盡量依循現有路線之地形進行施作，唯於潛在危險地區，則依地形條件進行相關改善工程。

◆第三類步道整建之原則

1.除部分路段特殊要求，盡量維持低強度設計。

2.步道以管理為主要工作，為維護特殊生態及環境資源，盡量維持現況，不容許破壞與改變，所有可能整建之設施都需要保育之考量。

(五)步道系統建置發展之未來展望

全國步道系統提供國人認識自然環境、瞭解鄉土文化、增進身心健康、推動生態旅遊與學習自我認知等場所。從遍布各地的步道使用狀態，瞭解先住民各族群之間的關係，認識台灣的土地與社會發展史；從沿途多變的環境資源，認識自然生態與地理環境的多樣性與獨特性；從漫步曲徑蜿蜒間，體驗台灣山林之美，啟發愛護環境思維，提升健康正面之社會價值觀；從步道及鄰近據點的遊憩系統整合發展，活絡城鄉產業與深植在地文化內涵，建立具環境及文化共識的社區，自然永續山林環境。

行走山林間，曾經是一部沒有書寫過的歷史，散布在無數生活的段落中。步道行腳從只為生活，乃至追求某種休閒、娛樂，甚或找尋自由與意義。西元2001年至今，全國步道系統之建置與發展隨著許多愛好山林與自然生態等各領域社會人士的期待及多方之督促及協助下，八年來積極建置與發展。然而先進國家的步道系統，前後皆歷經數十載之發展過程，方能逐步周全完善，因此全國步道系統之發展需以永續為前提，提供瞭解與保護自然環境的最佳管道與場所，其中的生態與文化更將成為獨特的台灣經驗。

步道系統提供了遊客深入自然的主要網絡，除了提供大眾用腳去走，用眼去看，更提供大家用心去體會的戶外場域。展望全國步道系統發展的未來，除了優質的戶外活動場域外，更希望藉由存在其間的良善山林活動以激勵人的心志，讓人得向大自然學習，從中獲取不同的生活體驗以激發心靈層面的提升，建立人與人、人與自然之間的和諧關係。

二、美國地區開發國家小路／步道之現況與經驗

(一)美國林務署（U.S. Forest Service）

林務署隸屬於農業部（USDA），提供美國最大的戶外遊樂的使用量，擁有133,000英里國家步道，7,700英里國家景觀小路（scenic byways），超過10,000個遊憩據點（recreational sites）。

(二)國家步道系統（National Trail System）

西元1968年國家步道系統法案通過後建立的，目的是為了享受休憩與鑑賞步道沿線之遊樂資源、史蹟與美景，分為四類步道：

1.國家風景步道（national scenic trails）：由國會（congress）所設計，沿途在受保護的通（廊）道內享受戶外遊樂（**圖6-5**）。

2.國家史蹟步道（national historic trails）：由國會所設計，沿途多為探索（exploration）、遷徙（migration）及軍事（military）活動的遺跡（**圖6-6**）。

3.國家遊憩步道（national recreation trails）：由農業及內政兩部會首

圖6-5　國家風景步道

圖片來源：國家公園署網站。

圖6-6　國家史蹟步道

圖片來源：國家公園署網站。

長在1968年頒布實施的國家步道法案（National Trails System Act）授權下所設計，內容包括一系列不同的道路類型、使用、長度、地形、歷史與天然環境的挑戰（**圖6-7**）。

4.支線及聯結步道（side and connecting trails）：為國家步道系統提供附屬的通達小路或用作為兩線道路之間的聯結小路。

圖6-7　國家遊憩步道

圖片來源：國家公園署網站。

(三)國家景觀道路（National Scenic Byways）

依據西元1991年施行的混合陸路運輸效率法案（ISTEA）所建立，用以補足國家步道系統，新開闢道路沿線有一或數項特色，如風景、歷史、文化、自然、遊樂與考古等，包括多線道的景觀大道（parkways）[6]、雙線道的景觀支線道路（byways）。

三、國家步道系統在遊客享用體驗層面之比較與新趨勢

(一)台灣設立的國家步道

是資源導向的規劃，以自然保護為考量基礎，在三個不同等級（以資源價值分級）資源土地場域內設立步道，供遊客參與及享受該自然資源區的遊樂活動體驗（據點性活動體驗），未來開發生態旅遊設施容納更多嚮往綠色旅遊訪客，應是林務局中長期林業經營目標。

(二)美國設立的國家步道

是遊客導向的規劃，以步道動線整合沿路的特色資源，提供遊客自然風景、戶外遊樂或史蹟資源導向的多樣遊樂活動（自然特色賞景、戶外遊樂活動與人文尋幽訪勝等主題性活動體驗）。

(三)步道系統在戶外遊樂設計面之新趨勢

現代社會環境保育新觀念——將生態旅遊與科技文明融入遊客的遊樂體驗成分中——驚奇、探索與探險（surprise, explore, & adventure），如在景點地區興建天空步道（sky or air walk）與空中走廊（sky corridor）等遊樂設施（**圖6-8至圖6-10**）。

---

[6] 美國內政部國家公園署負責管理景觀大道，如紐澤西花園州景觀大道（New Jersey Garden State Parkway）。

圖6-8　開發步道設施的新趨勢——導入生態旅遊（南韓釜山五六島）（Oryukdo-ro, Nam-gu, Busan）

圖片來源：南韓電子旅遊網。

圖6-9　加拿大愛伯特省的冰河空中步道（The Glacier Skywalk, Alberta Canada）

圖片來源：維基百科。

圖6-10　南投縣台大實驗林溪頭園區的空中走廊

圖片來源：作者提供。

問題與思考

1.森林遊樂區內的小路／步道有哪些種類？各有何功能？

2.森林遊樂區內為何需要設置自然步道？

3.台灣的國家步道系統共分為幾種類型，如何區分之？

4.台灣與美國的國家步道系統，在建置時所基於的設計理念，彼此之間有何不同？

遊樂設施與活動管理：森林野餐與露營區

學習重點

- 知道森林野餐區之定義、概念與類型
- 認識森林露營區之定義、概念與類型
- 熟悉森林野餐與露營區內提供的遊樂活動與設施
- 瞭解結合森林露營地與水域區資源所開發的設施與遊樂活動內容。

第一節　森林野餐區（forest picnic sites）

一、野餐區之定義及概念

野餐（picnics）是西方人最喜歡的日間休閒活動，因為安全、舒適、且可與親朋好友相聚一起享受親情、社交與自然美景。野餐區可設在任何地方，一片適當平坦的地面、並種植有枝下高[1]較大、枝葉扶疏的喬木林遮蔭、加上鄰近有優美的景觀，就會使那個地區野餐活動價值增大。野餐區的設施內容包括野餐桌椅、爐具、垃圾桶、洗滌台、廁所和停車場。

二、野餐區之類型

森林遊樂區內的野餐區應設計成容易到達、風景優美令人心曠神怡、能充分發揮戶外遊樂機能及只需要做最少的維護工作的場域。森林野餐區分為一般野餐區（general-use picnic ground）與團體野餐區（group picnic ground）兩類，分別說明如下：

(一)一般野餐區

一般野餐區又稱家庭野餐區，是專供家庭或小型社群團體自行聚會用餐使用，所以整塊野餐區是以各個「野餐單位」（picnic units）組合而成，內容包括乙個4～6人座的野餐桌椅、配置供食物加熱用的一個烤肉架、垃圾桶與洗手槽，主要供一般散客[2]使用。每英畝（acre）[3]約15個野餐單位是較受遊客歡迎的密度，又分為群集型野餐區（cluster picnic ground）與沿路型野餐區（en route picnic ground）兩種，詳述如下：

---

[1] 指喬木從立地表面到樹冠層的最下分枝點的垂直高度。

[2] 家庭旅遊訪客（family visitors）人數以下的小群體，使用野餐單位（the picnic unit）的遊樂活動。

[3] 英美國家慣用的面積單位，1 英畝約等於 0.4 公頃。

◆群集型野餐區

群集型野餐區為各個的野餐單位群集在一個林地區塊內，空間配置形成一個稻穗狀的環圈（loop）。野餐單位彼此之間因為被樹叢所分隔，較具隱私性，適合小家庭成員使用（**圖7-1**）。

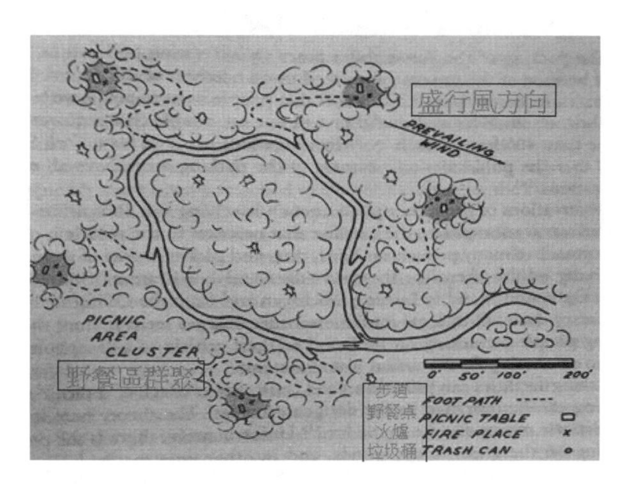

圖7-1　森林群集型野餐區示意

圖片來源：Douglass, W. R. (1982). *Forest Recreation*, p.163。

◆沿路型野餐區

沿著向前行進的車道配置，設立在道路兩旁的樹林間，每英畝林地約擺放10～50個野餐桌椅不等，主要供家庭、朋友或小型社群團體社交聚會使用（**圖7-2**）。

(二)團體野餐區

家庭野餐與團體野餐區的不同之處，在於使用不同的野餐桌椅，遊客間彼此不認識與認識的差別。團體野餐區使用公共廚房，社群統一供餐，用餐區為半開放且有鋪地的四方涼亭型空間，鄰近有團體活動區，供團體客群[4]聚會使用。

[4] 業者一般通稱其為團客，一般為15人以上的社群，如公司行號員工在戶外聚在一起野餐謂之。

圖7-2　沿路型野餐區林間擺設的木製餐桌椅

圖片來源：作者提供。

團體野餐區主要提供較大型社群團體辦活動使用，包括社交聚餐，故有專人提供燒、煮與烤的烹飪服務，個人則自行前往團體廚房領取野餐食品（**圖7-3**）。

圖7-3　團體野餐區進餐涼亭

圖片來源：作者提供。

第二節　森林露營區（forest campground）

一、露營地之定義及概念

露營地是經過設計建造之戶外過夜與遊樂使用的場地，設置主要目的在提供遊客住宿餐飲、衛浴設施及景色優美的安全野營。政府遊樂管理單位在國家公園、森林遊樂區或觀光風景區中規劃露營地，其主要目的是便利服務遊客、保障遊客安全及保護當地自然資源。

露營客在營地場域之外可以選擇參與的森林遊樂活動，包括體驗原住民文化（aboriginal culture）、賞鳥或尋覓偶現蹤跡的野生動物（birdwatching and wildlife encounters）、自然研習（environmental appreciation/ study）、釣魚（fishing）、尋幽訪勝（walking & historic heritage）、野餐與烤肉（picnics & barbecues）、踏青訪瀑（sightseeing & waterfalls）、操作獨木舟（canoeing）、船舶活動（sailing, boating & cruises）、游泳及浮潛（swimming & Paddling）。

二、露營地之類型

露營地依據使用者之類型可區分為兩類：

(一)家庭露營地（campgrounds）

由為數不等之露營單位[5]依其規劃之用途所組成，一般可分為集中或分散使用區的露營地（**圖7-4**、**圖7-5**）。

(二)團體露營地（group camps/ Organized camps）

專供寒暑假期間舉辦的冬令或夏令營會（winter or summer camps）所

[5] 露營單位的空間組成為一個6～8人營帳、烹飪用烤肉爐架、野餐桌椅及垃圾桶。

圖7-4　集中使用區之家庭露營地

圖片來源：作者提供。

圖7-5　分散使用區家庭露營地

圖片來源：作者提供。

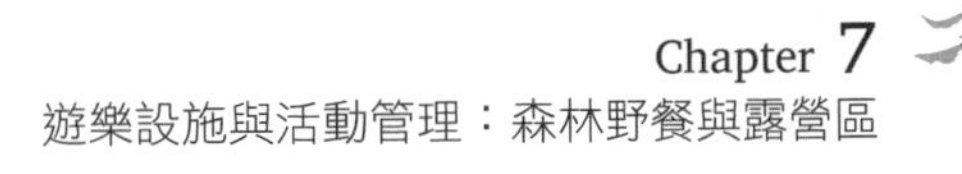

使用，由夏或冬令營團體[6]教學使用的室內活動教室、行政中心、營火場及住宿營舍所組成。

三、家庭露營地之分類、使用目的與遊樂活動機會

(一)家庭露營地之分類與使用目的

◆中央控管露營地（central camps）

主要提供大量露營者做密集之使用（intensive use），故其內之設施有抽水馬桶、淋浴（熱水）設備、自來水電供應、零售賣店及洗烘衣設施服務（laundry facilities）。大約有85%之此類露營地為私人擁有並以營利為目的，其主要賣點為提供安全、舒適、便利及社交生活之過夜場地。位址在交通便捷之處的森林遊樂區，亦可提供此類露營地設施，供青年學子族群做班級聯誼活動與自然研習使用。

◆尖峰使用露營地（peak load camps）

主要在旅遊尖峰期間在短時間中提供大量露營者使用之野外臨時設置場所，故其內僅有少量公共設施及服務。在此類露營地之設施多為可移動式的衛浴設施、野餐燒烤爐具或烤肉架。設置的臨時位址為鄰近正式露營地旁之開放空間，但選取位置必須為更遠離景點的方向。

◆長期使用露營地（long-term camps）

場地主要供停留時間在兩週以上之露營者使用，住宿設備包括永久性木屋、固定營帳、露營房車或露營拖車之停車位。服務項目有現代化居家生活設施及垃圾汙水之蒐集與車輛清洗站（dump station），此類露營地的位址多鄰近主要景點區。大部分露營者已經習慣開車抵達這些據點，露營車帶給人們機動性，家庭成員可在露營活動參與中分享生活經驗。台灣國立大學的實驗林管理處經營的森林遊樂區或自然教育園區，常

---

[6] 如YMCA、YWCA或中小學校所籌辦。

舉辦各種青少年營會，可以規劃此類的冬季或夏令營露營場地，如同短期森林中小學，提供完整體驗式教學。

◆旅行者露營地（traveler's camps）

露營場地主要供旅客／旅行者（travelers）旅遊行程往返途中過夜露營之使用，價格便宜及交通便利是其主要特色。鄰近主要道路，安全、乾淨及提供大眾化餐食或餐飲場所是其賣點，風景優美也是位址選擇考量。住宿場地附屬設施包括游泳池、娛樂活動中心及停車場，本類型露營地並非國內森林遊樂區的設施開發選項。

◆原野區（back-country camps）露營地

在遠離文明之偏僻原野地區提供簡易露營設施之場地，這類原野區露營地僅可藉步行、騎馬或搭乘輕舟或小船抵達。每一個營地單位僅有一開放空間及燒烤爐具，部分附屬設施可能有野餐桌、飲用水、粗糙保護柵欄（corrals）或採用傾斜形狀遮蓋的開放式就寢床位（lean-tos）供露營者安全露宿。一般設計方式採取沿登山野營步道為動線型平面配置，本類型露營地可以配合國家步道系統開發，幫助林務局充分利用與發揮步道經營管理之效益，也就是說在第三類國家步道的沿線選擇對使用者露宿較安全之空間興建，或可稱之為自然保留區露營地。

◆森林露營地（forest camps）

在森林區將個別之露營單位（camping units）分散組合成提供家庭或少數露營者使用之場地。分散之露營單位提供一定程度之隱私性，各單位距離在30公尺以上，但因為還算聚集在一起（0.5公頃土地中約有4～6個露營單位），故可建造一些自來水電的餐飲賣店、衛浴、洗衣房等設施，方便遊客享受家居生活之便利性且同時提供具原始性森林遊樂活動機會，本類型露營地可以不需要設置在國家森林遊樂區法定區域內，在林務局所屬林管處的工作站附近的林班地便可開發一或兩處小規模森林露營地，採用預約訂位系統供遊客家族享用安全、便利的森林自然情境（**表7-1**）。

表7-1　家庭露營地之分類及使用目的

分類	使用目的
中央控管露營地	提供最大便利及人數使用之營地
森林露營地	混合自然情境及便利之營地
原野區露營地	缺乏便利未劃定範圍之營地
尖峰使用露營地	在短期間內提供最大使用之營地
長期使用露營地	營客停留期間超過兩週以上之營地
旅行者露營地	提供沿途旅遊客人露營住宿之營地

資料來源：作者製作。

(二)家庭露營地之遊樂活動機會

◆露營地之活動要素

露營地受到遊客青睞，主要是因為費用不高、方便以及相對比較安全。露營地也可當作從事探險、狩獵、採集標本、釣魚或健行等遊憩活動時可供投宿的地方。露營是戶外遊憩主要的部分，對許多遊客來說，在露營地的休憩經驗——營火晚會的溫馨、戶外烹飪、輕鬆愉悅的心境及暫離俗事的煩擾都是提供露營活動的所有要素。

◆露營地之規格要素

同類型露營地可滿足多元需求，遊客會盡全力找出它們最喜歡的地方。一些露營地每英畝有十五個露營單位，目的在保存地區原始寧靜的自然價值。露營地面積大小從一個有三或四據點及簡單的野戰式糞坑的小地方，到有精心計劃的道路及標示聯絡網、幾百個單位、沖水式廁所、淋浴設備，甚至擁有半圓形露天劇場的設備。大型露營地需要先進的衛浴系統，一個典型的露營地或單位應該包含支線停車場，為了滿足露營大眾的需求是需要所提供東西的多樣性。

四、森林露營地

位於森林遊樂區內之夜間使用區，夜間使用區範圍內可能包括有露營地、團體露營地區及住宿旅館區。每一種類都應設計成提供個別使用者一個愉快經驗的場所，而且為了避免不同使用者群體之間的遊憩衝突，本區除了應該和日間使用區分隔開來，區內也須分隔避免彼此干擾。森林遊樂區內規劃露營地設施是遊樂適合的管理工具，因為它可降低遊客帶給敏感地區的衝擊。夜間使用區一般位於園區較偏僻處，團體露營區及家庭露營區應分離，彼此在活動使用上才會互不干擾。森林露營地各個露營單位間通常保持著30～50公尺的距離，因而存留有清幽孤寂感之自然價值。

(一)森林露營地之基本元素——露營單位（camping units）

露營單位是容納部分露營者之處，一個露營單位應設計成最多只可容納8位露營者。露營單位的主要功能有三項：

1.滿足露營者舒適起居及愉快活動所需。
2.提供露營者烹煮及衛浴處所。
3.提供露營者規定／容許／設計內容之使用。

(二)露營單位之平面配置（camping unit layout）

每一個露營單位包括的基本裝備組成有五：

1.爐灶／具（a stove or fireplace）。
2.餐桌及椅子（a table with benches）。
3.營帳／車空間（a tent or trailer space）。
4.停車空間（a parking space）。
5.用水及垃圾桶（water & rubbish can）。

(三)森林露營車露營地之開發——營地單位之平面配置

台灣地區國家森林遊樂區並不適合發展此類露營車露營地，但各縣市政府公營的風景區場域內倒是可以開發草地、花園或林園情境之露營車收費營地。

◆含停車位露營單位之平面配置

露營車營地由數個「露營車單位」組合成一個露營圈（camp circle），數個露營圈再整合成營地，居中共用的一座衛浴設施（campground toilet & showers）與出口區的汙水排放站（sanitary dump station）與管理站（gate house）而成（**圖7-6**）。

◆倒入式拖車露營地

區分為汽車聯結露營拖車倒車式（back-in auto trailer）或汽車分離與露營拖車並列式（side by side auto trailer）的兩種設計方式（**圖7-7**、**圖7-8**）。

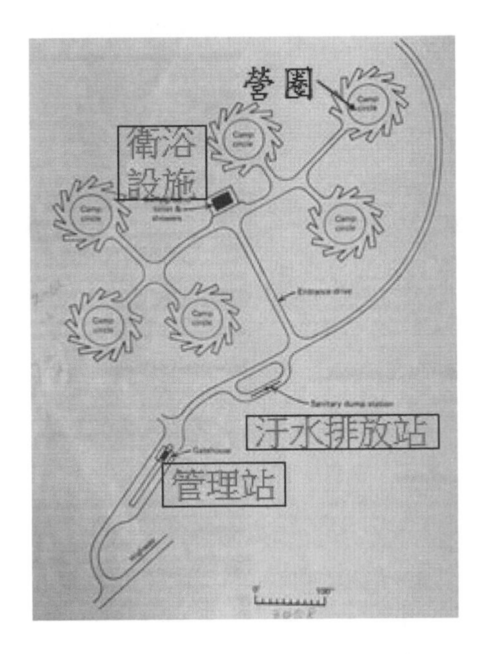

圖7-6　含停車位露營單位之平面配置

圖片來源：Douglass W. R. (1982). *Forest Recreation*.

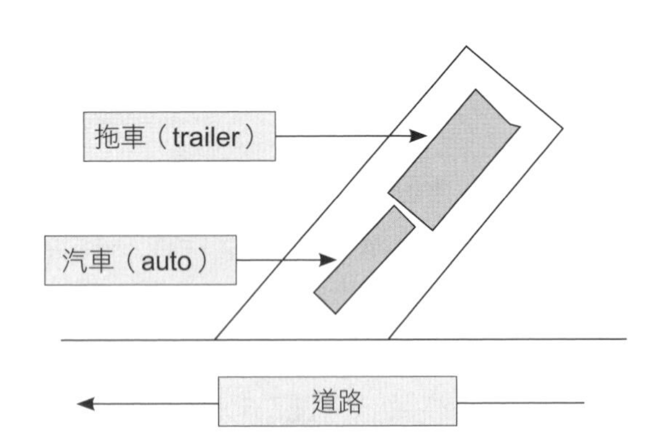

圖7-7　倒車進入式拖車露營地

圖片來源：作者繪製。

圖7-8　倒車進入式拖車露營單位

圖片來源：作者提供。

五、團體露營地（group campgrounds）

團體露營也稱組織性露營（organized camping）、環境學習中心，還有其他相似的名字也常在大眾遊憩土地上可發現。團體露營地舉辦短期、冬季或夏令營會，提供學校、童子軍活動、教會及其他有共同興趣需要成員生活在一起的團體所使用，作為教育及社交的目的。團體露營地在舉辦營會時，召募的工作人員統稱為營隊輔導員（camp counselor）。

(一)團體露營地的設施

基本的設施包括道路及步道系統、停車場地、標誌系統、內含員工辦公室的總部建築物、廚房設施、餐廳、緊急救護室（保健室）、供給員工及營會露營者的小屋或農場宿舍、淋浴及廁所等建築物，如有可供家事使用及滅火的一次水供給、教室、一個休閒俱樂部或內含游泳池則更好。住宿營舍、學習活動教室、團體餐廳（含廚房）、戶外活動廣場（含露天劇場）、運動與遊樂設施及輔導員辦公的管理中心等都是營地基本配備。各式各樣的設施尚包括供戶外活動的遮蔭棚架區、舉辦營火晚會用的營火圈，或許還有值班營地輔導員的住宿房間。

團體露營設施應具標準化及安全性，特別是飲用水的供應與廢汙水處理及回收二次使用程序。有關設施標準化及安全資料，一般在非營利組織的露營協會都可取得。

(二)團體露營地的遊樂活動

團體露營地主要安排夏或冬季（寒暑假期）青少年營隊活動。營地導入之團體活動區分為日夜間與雨天活動，營會期間並會安排營地外的宿營旅行（camping trips）活動（含野炊）。團體露營活動強調自然環境的戶外情境活動，一些活動多屬於蒐集木製手工藝品材料、生態觀察研習與自然鑑賞等（**圖7-9**）。

可供團體營隊（camps）規劃採用之露營地營會活動，分述如下：

◆建造型活動

(1)建造戶外廚房；(2)建造戶外劇場；(3)建造營火圈；(4)建造原木屋；(5)建造日晷儀；(6)建造自然展示（nature displays）；(7)修理裝備與船舶；(8)編織繩索課程，(9)捏製陶瓷器，(10)搭建便橋。

圖7-9　團體露營地營會安排的活動

圖片來源：美國露營協會（ACA）。

◆夜間活動

(1)民族舞蹈及土風舞；(2)營火晚會；(3)拼圖或火柴棒；(4)星象研習；(5)星光夜遊；(6)燈火晚會；(7)皮影戲表演／影子遊戲；(8)猜謎活動；(9)團康遊戲；(10)話劇表演（**圖7-10**）。

圖7-10　團體營會的話劇表演

圖片來源：作者提供。

◆雨天活動

(1)歌唱（新歌教唱）；(2)爆米花或做糖果；(3)說故事；(4)手工藝品製作；(5)創意化妝或服裝比賽；(6)操練急救技術。

◆紮營及探路技術

(1)結繩及繫繩；(2)辨識方位；(3)操作使用刀、斧、鋸等工具；(4)登山及探路之技術；(5)搭建營帳（蓬）及營造僻護處所之技術（tents and shelters）；(6)露宿之技術（sleeping out-of-doors）；(7)架設爐灶與生火之技術（camp stoves and wood fires）；(8)戶外烹煮食物之技術（food and outdoor cooking）；(9)露營地安全及急救之技術（safety and emergency skills）。

問題與思考

1.森林遊樂區開發設置野餐區的利益為何？
2.森林野餐區為何要區分開一般與團體野餐區，最重要的設施組成為何？
3.森林遊樂區內提供露營活動機會的利弊各為何？露營單位模組的設施內容為何？
4.露營客可參與哪些戶外遊樂活動？台灣的國家森林遊樂區到目前為止，何以都未曾開發過團體露營地？

遊樂設施與活動管理：森林水域遊樂與兒童遊戲場區

學習重點

- 知道森林遊樂區內水域遊樂活動之種類
- 認識游泳、船舶等集中使用區之遊樂活動及設施
- 熟悉釣魚、溪流漂浮等分散使用區之遊樂活動及設施
- 瞭解森林遊樂區內兒童遊戲場之活動及設施

第一節　森林遊樂區水域遊樂活動之概述

森林遊樂區場域內可供遊客從事水域活動（water-oriented recreation）之處所有湖泊、池塘、溪流與水庫（reservoirs）。親水性遊樂活動包括游泳（swimming）、潛水（diving）、溯溪（river trekking）、釣魚（sports fishing）、獨木舟（canoeing）、划船（rafting）、滑水（surfing）[1]、泛舟（whitewater rafting）及溪漂（stream floating）等遊樂活動（**圖8-1**）。

圖8-1　中興大學惠蓀林場森林遊樂區的親水活動設施

圖片來源：作者提供。

這些活動地點的選擇有兩個前提——「安全」與「水質佳」之處。森林遊樂區開發露營地時結合水域遊樂活動區的規劃設計，已成為全球性開發現代場域遊樂活動與設施未來的新趨勢（**圖8-2**）。

[1] 本項遊樂活動並不適合在地小人稠的台灣地區國家森林遊樂區場域內開發。

圖8-2　森林遊樂區內提供的各類水域活動

圖片來源：作者提供。

第二節　水域遊樂集中使用區之設施與活動

一、游泳

(一)游泳活動概述

在泳池、池塘、湖泊、水庫、溪流、河川、甚至海洋，游泳活動皆為主要的日間戶外遊樂，所以游泳水域遊樂區免於水質汙染和危險是很重要的。在游泳季節期的平均水溫應該在20℃之上，有強大的水流、水底高低落差大的水濱區，因為對游泳者會造成安全問題，都不應該開發。游泳區內75%的水域面積需要在1.5公尺深以下，並且需要設立許多安全告示標誌。水質之要求在味道方面為無異味，在顏色方面為無顏色，在酸鹼值（pH value）方面為6～8.5（7為中性）。

(二)游泳區的配置設施與設計原則

◆配置設施

包括沙灘或石灘、草坪、廁所、移動小屋或男女更衣室、停車場、垃圾桶、飲水機、抽水機、木筏、游泳區邊界外救生圈及使用安全浮標線區隔起來的區域。游泳區旁設置一個可即興遊玩的小遊戲區（play lots），提供岸邊遊樂活動，泳客可以在此擲飛盤、玩沙灘排球或一般球類運動。游泳區附設營業的小吃部或者速食店以方便遊客用餐，雖然它會同時增加一些環境髒亂的麻煩。為了讓行動不便的人容易到達水域，可以從岸邊到水濱建立一條鋪設橡膠墊的人行道或木板棧道，若加裝只有單邊的欄杆扶手，泳客的安全性更獲保障（**圖8-3**）。

◆設施設計原則

1.浴室／更衣室（bathhouse）：對於森林遊樂區的泳客來說，男女分開的更衣室內應該包括一組多層架的儲物櫃（lockers），數個淋浴用蓮蓬頭，甚或只是一或兩條的沖水用橡皮水管及廁所，如此遊客就不會將東西置放於車上，能減少失竊風險。一個簡單的更衣亭可

圖8-3　森林游泳區的設施配置

圖片來源：作者提供。

能就是更衣室的全部亦無可厚非，這個專供更衣用的建造設施通常沒有屋頂，以至於陽光會照到裡面。鄰近高大樹木或懸崖的地方，不能提供這種簡單的更衣亭，以防止偷窺的機會。餐飲販賣店的業者是這更衣處營運的一個部分，通常要對這設施的清潔衛生負責。但急救室則是例外，應該是由救生員負責。

2.救生塔（lifeguard towers）：游泳區沙灘應有救生塔設備供救生員使用。其高度足夠使全部游泳區成為一個沒有障礙的視野，因為救生員對所有沙灘及水上活動負有管理監督之責。救生塔下方必須附設一個警告招牌用來說明僅限救生員使用，不管有無救生員值班，任何人皆不可以隨便跑上去，當然招牌上也應告知遊客在什麼時間才會有救生員值班。救生塔上應當有人員遮蔭之物，救生員需要的設備尚包括擴音器、急救箱、保溫用毯子、擔架、衝浪板或有繩索的救生圈，以及附有划槳的救生艇，如果配發無線電裝備將更有益遊客救生任務的執行。

3.停車場（parking areas）：以游泳區作為中央控制型位置，離游泳區約為45～91公尺。每一個停車位需要占地面積27平方公尺。估計停車場所需要的土地總面積，以一輛車四個遊客來計算，一百個遊客就是二十五輛車承載量的停車場（**圖8-4**）。

(三)游泳區使用規則

游泳水域區需要設立使用規則警告標示牌在入口區明顯之處，使每位參與水域活動遊客皆很容易讀取並瞭解安全遊樂活動守則。以下為告示牌上規則實例之說明：

1.小心水深。

2.為了每個人（泳客）的安全考量：

(1)禁止在水中玩騎馬打仗遊戲及遛寵物。

(2)禁止在水中進用食物、飲料、菸酒、冷飲與操作船舶、橡皮泳圈等漂流活動（**圖8-5**）。

圖8-4 森林游泳區的停車場

圖片來源：作者提供。

圖8-5 森林游泳區使用規則

圖片來源：作者提供。

二、船舶遊樂

台灣地區所有的國家森林遊樂區目前皆未開發此類遊樂活動，但有一些鄰近的觀光景點區，如杉林溪（人力香蕉船）、日月潭（環湖遊艇或人力小船）與秀姑巒溪（泛舟）等地，現均提供船舶遊樂活動，敘述內容或可供民營業者參考。

(一)船舶遊樂概述

船塢／泊船碼頭可以作為游泳、釣魚等活動或船舶停泊之地，遊客對船舶遊樂區關心的在於不論是置於車頂或在拖車上的船舶是否能被拖運送下水面，所以在釣魚或船舶停泊地區，為了安全考量，應該禁止游泳活動。

為了隨著水面的水位變動，有些碼頭必須設計成會浮動的，浮動碼頭的漂浮材料可採用大型圓鐵桶、苯乙烯泡棉或是原木。冬天時，浮懸木板設計的碼頭能夠隨水位升高到冰層上。位於冬季溫暖的森林區或湖泊水面比較穩定之水域區，碼頭就能夠以固定的方式建造，更確保遊客能安全地行走其上。

(二)船舶遊樂區的設施

包括船隻下水坡道（boat ramps）、船塢／泊船碼頭（docks & mariners）、加油站、汽車及拖車停車場、拖車通達道路、停車場迴轉區、泊船位／上架設施（berths）[2]、魚獲清潔設施、廁所、垃圾桶、飲用水、衛浴設備及布告欄等基本配備，布告欄內並張貼載運、船舶、釣魚使用管制條例。

(三)船隻下水坡道設計原則

1.船隻下水坡道通常由混凝土石板建造，寬度至少約3～4.5公尺，長

---

[2] 遊艇在保養時需要上架離開水面，以清除船底附著有害船身的甲殼類生物。

度應該足夠對任河水面的高度都可適用。

2.有些位於森林區的水庫，在低水位期，因為水面的高度差距相當大，所以坡度應介於8～15%之間。一個拖車停車區是必須的，最好車輛可直接駛入。

3.將船隻下水坡道與游泳區分隔開來，可以減少遊客做不同遊樂使用的衝突，使游泳客人接觸到船舶螺旋槳機會或因汽油溢出造成游泳區水質汙染的情況會減至最低（**圖8-6**）。

圖8-6　船隻下水坡道與使用說明布告欄

圖片來源：作者提供。

第三節　水域遊樂分散使用區之設施與活動

在面積較大的森林遊樂區場域內可以提供釣魚與溪漂等遊樂活動，無須開發許多設施，但卻可增加遊客從活動過程中享受更多樣有趣的自然環境體驗。

一、釣魚

(一)溪流釣魚活動

靜坐在溪邊，調好釣竿上的浮漂，再掛上鈎餌，投到水底處，等魚漂出現停頓或者急速下沉，出現拉扯的手感，就是魚兒正在吃釣餌，可迅速提竿或輕微挑動竿梢，讓鈎上的餌像是裸睡般或者水中的鮮活昆蟲，引誘魚兒來吃，這就是森林遊樂區的溪釣活動體驗。提供溪釣遊樂活動只須沿溪河平坦岸邊稍事整理出一小區塊的開放空間，設置長椅（benches）、置放釣竿的釣架與種植草花的一小片美化用花圃，就可讓遊客享受釣魚的樂趣（**圖8-7**）。

(二)森林湖泊船釣活動

台灣的森林遊樂區內多屬小面積湖泊，即使是人工湖泊幾乎也不適合開放船釣，但民營的森林遊樂區，如南投縣的杉林溪森林生態渡假園區，倒是可以考慮引進此項遊樂活動作為創新森林遊樂活動，供小家庭親子之間培養感情用（**圖8-8**）。

圖8-7　森林溪釣活動區

圖片來源：作者提供。

圖8-8　森林湖泊的船釣活動

圖片來源：作者提供。

(三)溪釣區的路橋設施

路橋（trail bridges）是提供健行者、腳踏車騎士、騎馬者及工程維修車使用。路橋可能必須做全功能使用，或可能僅被設計成供步行使用。用於路橋的材料包括混凝土或木柱、桁柱及木材鋪板。有時也要使用層積板材，所有的木材必須經乾燥防腐處理。

大部分橫跨在淺溪上的人行路橋都不需加裝欄杆，但超過河床3英尺（1公尺）以上的高度，為了遊客的安全，至少一邊要裝設欄杆。在森林遊樂區，人行路橋常常會被遊客用來作為照片中的背景畫面（**圖8-9**）。

二、溪流漂浮

(一)溪漂活動概述

本項遊樂活動是讓遊客穿著救生衣使用中型救生圈等設備，在河道上順著溪流漂浮移動，感受大自然散發出的能量。挑選無暗流漩渦、水流

圖8-9　安裝一個欄杆的路橋

圖片來源：作者提供。

較為平緩且水深不高的溪流作為溪流漂浮的活動場域，安全性比起激流泛舟要來得高，台灣地區目前在非屬森林地區高雄市六龜寶來溪與宜蘭縣南澳鄉南澳溪有民間企業推出類似的溪漂活動[3]藉以謀利。

(二)溪流的開發與管理

◆活動自然環境要素

1.必須設置在常年流水之溪流。

2.水道之水深至少30公分以上。

◆活動設施要素

1.加設V型擋水轉向板（V-deflector）或流龍牆（gabion wall），提高水深及避免擱淺。

2.定期清理溪流中尖銳碎石、枯樹枝幹及垃圾等堆積物，有助溪流漂浮活動的安全（**圖8-10**）。

[3] 因為溪水較為湍急，業者提供大型救生圈供數人使用，偏向於戲水活動。

圖8-10　森林遊樂溪流漂浮活動

圖片來源：作者提供。

第四節　兒童遊戲場區之設施與活動

一、森林遊樂區內之兒童遊戲場（playgrounds）

(一)兒童遊戲場概述

從西元1885年人類社會建立了世界第一個兒童遊戲場——美國麻州波士頓沙園（the Boston Sand Garden）開始，供兒童遊樂的場地便不斷地演進，存在於現代社會中，共發展出四種類型的戶外兒童遊樂場（playground styles），分別說明如下：

1.傳統型（traditional）：特徵是廣而散布且各自獨立的設施，有溜滑梯、鞦韆、沙坑、蹺蹺板或搖搖馬等。

2.當代型（contemporary）：遊樂場的設計也出現了固定模式，通常設置立體攀登架、鞦韆、滑梯、蹺蹺板、平衡木、攀爬架、上肢體設備、滑杆、滑梯、鞦韆鍛鍊環及吊桿、旋轉木馬等兒童遊樂設施，讓孩子們進行身體活動。

3.冒險型（adventure）：冒險遊戲場只是一個未經設計，讓兒童能在沒有成人監督下進行遊戲所建造的空間，提供資源回收當作鬆散素材，讓孩子可以自由大膽放心操作，探索各種可能的遊戲形式。

4.現代型（modern）：兒童遊樂場從固定的設計模式轉變為多變靈活的設計與組合模式，提供了一些可操作的沙池、水池等，建立了一種基於柱子和平台的新模式，這種新模式的產生打破了之前只關心兒童身體活動的設計模式，可以根據需要，不斷地變化，比較靈活，有助於促進兒童的健康成長，注重兒童的動手能力、想像力、創造力與解決問題的能力。

森林遊樂區場域內可以選擇採購模組化的兒童遊戲場，打包、運送、組裝與維護工作對管理人員來說均非難事，管理單位並可視遊客數決定設置的地點與規模（**圖8-11**）。

(二)設施項目

兒童喜愛的遊樂機會能提供探索、調／追查及個人操作之體驗，遊

圖8-11　森林遊樂區內開放空間可設置兒童遊戲場

圖片來源：作者提供。

戲是兒童發展智力及學習能力的最佳途徑，並具有促進兒童生理、心理及社會發展的功能。有趣的兒童遊戲場之特性：

1. 感受複雜及多樣、神秘及懸疑、風險及挑戰性。
2. 兒童的參與活動選擇具多樣性、挑戰性高，但很安全。
3. 分別設有兒童單獨或共同玩樂的空間，設備具強化肌肉功能。
4. 能誘發或引導兒童產生創造力。
5. 場地多變化且結構具複雜度，能窺視及躲藏，並與監護的大人產生互動。
6. 空間大，留有腹地，可增加、重組或改變既有的設施（**圖8-12**）。

圖8-12　模組化有趣的兒童遊戲場

圖片來源：作者提供。

二、兒童遊戲場提供之遊樂機會

(一)兒童遊戲場內玩具（toys）及玩物（playthings）特性

有可愛的造型、多樣鮮明色彩及各式類型、類別，能滿足人類對五光十色、五花八門、五彩繽紛、五顏六色與多采多姿等特質喜愛的天性，從而產生注意力（attention），兒童在樂趣誘因（pleasure drives）

鼓舞下，因注意開始去嘗試（approach），並進一步產生探索行為（exploration），從而得到學習同化（assimilation）的結果，並累積為成長創造力（creativities）之機會潛力。

(二)兒童遊戲場裝備導致意外事件之危險類型

1.跌落（falls）：占74.6%，可見得低矮之處，防止跌傷的保護設計是個重點。

2.移動器具傷害（impact, moving equipment）：占13.1%，是固定器具造成傷害意外的2.5倍，所以移動範圍區域的安全空間設置很重要。

3.固定器具傷害（impact, stationary equipment）：占5.4%，多半是因設計不良或維護工作不周全所造成的。

4.不明原因傷害（others/ unknown）：查無確實證據的兒童受傷案件約占6.9%。

(三)森林遊樂區內兒童遊戲場工作人員安全守則

遊具設計不當，遊樂設施管理不周，未確實做好安檢，都可能讓兒童使用過程中潛藏危險。兒童遊戲場工作人員只是會打掃環境衛生是不夠的，還需要具備其他一些職業素養。只有具備了這些專業素養，他們才能遊刃有餘的處理工作過程中遇到的各種狀況，工作人員除了基本的醫療常識，須有的安全守則條陳如下：

1. 知道兒童在不同發展成長階段，擁有的基本身體及認知技術（兒童的遊戲能力）。
2. 熟悉兒童遊戲場的潛在危險（hazards）。
3. 記得一套能夠預防意外發生的規則。
4. 能操作危機管理（risk management）的標準作業程序（SOP）。

問題與思考

1.森林遊樂區為何要提供水域遊樂活動？

2.水域遊樂為何要區分為集中使用區與分散使用區？

3.溪釣區如何開發整理以方便遊客垂釣使用？

4.森林遊樂區設置兒童遊戲場的優點為何？

遊樂設施與活動管理：生態旅遊與樂活保健活動

學習重點

- 知道生態旅遊活動之定義與概念
- 生態旅遊之自然生態環境經營原則與開發之設施
- 熟悉農委會林務局森林生態旅遊業務之推廣行動
- 瞭解具有樂活（LOHAS）保健概念之森林遊樂活動與設施內容

第一節　生態旅遊之定義與概念

資源導向（resources-oriented）的遊樂場域為了保護區內棲息的較脆弱生物資源，最好能避免大眾旅遊（mass tourism）[1]的使用型態，劃分區塊（zoning）與設置保護帶（protection zones）是一般降低生態衝擊的管理措施（management measures）。避免環境負面衝擊與破壞生物棲息地[2]的生態旅遊（ecotourism）則是近三十年來全球推廣的永續旅遊行為，先是在國家公園與自然保留區（natural reserves）範圍內採用，現在森林遊樂區亦開始陸續仿效並推廣實施。

一、生態旅遊之定義

當旅遊活動之遊樂體驗組成分（components）具有天／自然的本質（nature）並在保育觀點下永續利用管理，而此遊樂活動更有環境教育之知識啟迪功能，謂之生態旅遊（較狹義的生態旅遊概念）。生態旅遊中旅遊化遊樂活動——生態遊程是主要的體驗過程，而自然生態、環境保育與環境教育則是整個旅遊行程組合（tour packages）所提供之重要知性內容。對管理單位來說，生態維護是不可忽視之旅遊品管工具，但經濟利益卻是景點區（attractions）永續經營之保證。故生態旅遊是有助於保護森林、確保社區福祉與自然環境永續的保證。

二、生態旅遊之概念

生態旅遊與大眾旅遊之不同點，其實是在「綠色洗禮」的內涵。生態旅遊包含自然環境旅遊、保育觀點旅遊、環境教育旅遊與永續管理旅遊

---

[1] 大眾旅遊泛指以大批團客（GIT）操作的旅遊型態。

[2] 生物在自然的情況下居住或棲息的地方。

等四個主要成分，扼要說明如下：

(一)自然環境旅遊

自然環境的基本組成分有五類，包括土壤、水、空氣、動物相與植物相等要素，五類基本要素組合形成了各種具遊樂價值之資源，如：湖泊、溪流、針闊葉樹森林、花木灌叢、綠茵草原、日光陰影、變換雲霧、平原山地、地形起伏（山岳懸崖）、地質地理組成（土質岩層）、飛禽走獸以及蟲鳴魚躍。此類自然資源多具脆弱本質，如在遊客不當旅遊行為使用下，易受到毀損或破壞，就會失去遊樂利用的價值。

戶外遊樂活動對環境所造成的衝擊，包括土壤沖蝕（erosions）、水與空氣汙染、動植物的棲息地被破壞等。這些衝擊都可以透過植物演替、水資源循環、野生動物棲息地／生活圈、土壤剖面、微氣候變化的監測而得知受到改變的程度。

(二)保育觀點旅遊

植物覆蓋物之型態將決定野生動物呈現的豐富性及分部區域。因為改變棲息地以增加對一種類的承載量，卻可能減少其他種類的承載量，棲地與野生動物族群演替之間息息相關。

為了維持野生動物族群，管理者將必須維持一個舒適的棲息地，包括食物、水、巢及避難的覆蓋物和基底、棲木及餵食區。如果棲息地被改變或清除，依賴在此的野生動物通常也會隨之被滅絕。提供嫩葉（樹葉、細枝、樹木的幼芽及典型的灌木）是確保食物供給野生動物的另一種含意。

遊樂活動對植生的衝擊主要是由遊客踐踏所造成的，研究發現，僅做輕度遊樂使用，地表80%植生就會消失，地面覆蓋物的多樣性及植物種類呈現的數量都會大幅度減少。

建立步道，栽植有刺樹種或修建竹籬笆就可被控制植群的踐踏，土壤表面鋪蓋苧麻網撫育幼苗，限制進入森林遊樂區的遊客人數及限制遊客

圖9-1　以步道鋪面設計進行保育觀點旅遊活動

圖片來源：作者提供。

的某些造成環境衝擊的遊樂活動都是有效的保育措施（**圖9-1**）。

(三)環境教育旅遊

生態旅遊環境認知、態度與行為，如透過解說設施闡釋教育性知識：請只帶走相片美景與留下足跡，享受歡樂時光無需傷害生物（**圖9-2**）。

(四)永續管理旅遊

生態旅遊的神話故事：生態旅遊與大眾旅遊之不同其實是在「綠色洗禮」的內涵。

1.生態旅遊有助保護森林。

2.生態旅遊確保社區福祉。

3.生態旅遊是環境永續的保證（**圖9-3**）。

圖9-2　環境教育解說設施（三限使用告示）

圖片來源：作者提供。

圖9-3　生態旅遊內含永續管理的概念

圖片來源：作者提供。

第二節　生態旅遊之經營原則與開發之設施

一、生態旅遊的經營管理原則

依據國際生態旅遊協會（The International Ecotourism Society, TIES）揭櫫的生態旅遊六項經營管理原則（the principles of ecotourism），如以下該協會推出宣傳海報的條陳，為：(1)最低衝擊；(2)建立環境意識與尊重心態；(3)提供主客之間的正面體驗；(4)從保育中得到財務回饋；(5)讓地區居民得到授權與利潤；(6)增加國內的政治、環境與社會氛圍的暖度（**圖9-4**）。

基於上述六項經營管理原則，生態旅遊活動的「遊程設計」原則有五項，分別為：(1)享樂與體驗的；(2)簡單與輕鬆的；(3)乾淨與清靜的；(4)生物與環境的；(5)知性與感性的。

圖9-4　生態旅遊的經營管理原則

圖片來源：The International Ecotourism Society.

二、生態旅遊開發之設施

生態旅遊活動的遊樂機會（recreation opportunities）配套之設施設計需符合的原則有五項，說明如下：

(一)設施簡單與輕量

設施提供，無論是步道、棧道、路橋或纜車，使用的材料越簡單越好且均屬於輕量型，藉以限制參與者人數（**圖9-5**）。

圖9-5　生態旅遊開發之設施符合簡單與輕量原則

圖片來源：作者提供。

(二)設施狹窄但安全

避免旅遊途中於同時間、據點遊客的過量使用，動線設施應以狹窄廊道設計為主，但在危險之處，保障遊客的安全防護柵欄仍然不可或缺（**圖9-6**）。

(三)設施輕巧視野廣

為了降低對環境的衝擊又不漏失體驗的內容，設施採用輕巧開放式

圖9-6 架高棧道狹窄但安全

圖片來源：作者提供。

設計，使遊客在最少干擾情境下學習與體會，類似台北市立動物園旁邊之貓空纜車的水晶車廂，以開放式的強化玻璃增加遊客視野（**圖9-7**）。

圖9-7 吊橋或貢多拉（gondola）[3]輕巧視野廣

圖片來源：作者提供。

---

[3] 輕型纜車的車廂。

(四)具知性環境教育

藉由自導式動線設計或由解說員進行雙向的引導式解說，提供具知識性環境教育體驗（**圖9-8**）。

圖9-8　生態旅遊中具有知性的環境教育體驗

圖片來源：作者提供。

(五)發展環保的設計

環境保護概念設計的設施包括：木樁步道[4]、架高棧道、空中廊道、防風或緩衝綠帶、濕地區水上涼亭等（**圖9-9**）。

第三節　林務局森林生態旅遊之推廣行動

行政院農業委員會林務局在西元2002年編印的《森林育樂手冊》中曾詳述其巡迴宣導的生態旅遊實務，重要的工作內容說明如下：

---

[4] 疏伐小徑木分段後以木樁樣態鋪設於步道中。

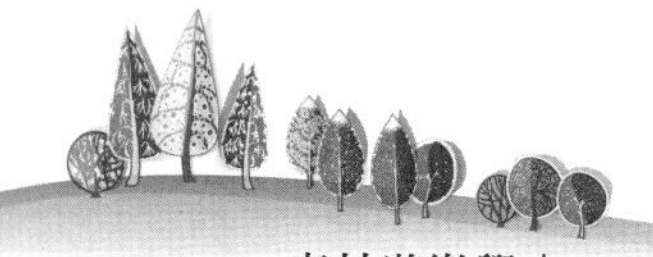

圖9-9　花蓮縣池南馬太鞍濕地

圖片來源：作者提供。

一、傳達生態旅遊的概念

(一)緣由

西元2002年是國際生態旅遊年，年初，行政院會配合宣布該年為台灣生態旅遊年，同時通過農業委員會林務局所擬的「2002年生態旅遊年工作計畫」。

(二)生態旅遊之意涵與原則

國際自然保育聯盟（IUCN）稱生態旅遊是一種具有環保責任感及啟發性的旅遊方式，生態旅遊含有科學、美學、哲學方面的意涵，但並不限定旅遊者一定是這方面的專家。生態旅遊的基礎觀念建立在保育是積極的行為，包括對自然環境的保存、維護、永續性的利用、復原及改良。

二、擬定生態旅遊之推展工作步驟

生態旅遊的目的在解決自然生態觀光旅遊及地方社區發展三者間的問題，希望在環境保育、觀光旅遊與社區經濟永續下發展。依據人類學習的原則，動態的經驗優於靜態的知識，親自參與優於間接的替代學習。因此，生態旅遊必須透過縝密的解說規劃才能導引遊客在活動過程中享受森林的奧秘，進而產生保育自然的觀念與行動，同時啟發遊客如何尊重及照顧當地的社區住民與文化。

林務局對已規劃建構之生態旅遊遊程採用三項邏輯活動進行：示範、實驗、推廣；如何推展，說明如下：

(一)示範活動

生態旅遊是旅遊團體時尚的旅遊行程選擇，跟團遊客們認同觀光旅遊與環境保護並重的理念，是以供應面之政府組織、非營利團體與營利事業應定期或不定期舉辦生態旅遊示範活動，向市場潛在消費者推薦遊程內容特色，以擴大宣傳為目標。

(二)實驗活動（試營運）

當生態旅遊遊程規劃完成，須進行針對目標市場的試營運實驗活動，由各林區管理處自行對外招募或結合旅行社對外招募旅遊團體，以「團進團出」的收費方式辦理。招募以20～40人的團體為主，搭乘1～2輛中型巴士參訪生態旅遊景點，亦可套裝設計旅遊地區季節特色與文化節慶。

辦理實驗活動時，行前解說應介紹遊程、自然資源、人文特色、旅遊規劃與安全事項等內容，行進中，則因地制宜、因人制宜執行生態解說，使各個環節皆具有知性與感性的環境保護意義。

旅遊套裝行程中的餐飲住宿與購物活動，應以生態環保為訴求並且強調社區與永續產業。

(三)推廣活動

為使國人對生態旅遊充分體認，需加強推廣活動，除一般性的媒體宣導、影片宣導、活動宣導外，應往下扎根，結合九年一貫教育課程，針對不同年級課程的需要，設計生態旅遊遊程，以中小學校戶外教學目標達到環境保護目的。

生態旅遊相對於大眾旅遊是一種以自然資源為導向的旅遊觀念，是一種兼具自然保育與遊憩發展的活動，且是以生物多樣性保育及永續利益為原則之旅遊模式。

第四節　樂活保健概念森林遊樂活動與設施

一、樂活（LOHAS）之詞彙概念

樂活的LOHAS這五個英文字母是五個單字的頭文（initials）組合而成，分別為：L—lifestyles；O—of；H—health；A—and；S—sustainability。

「Lifestyle of Health and Sustainability」這句口號意味著「健康與永續的生活型態」。

健康意味著身體適能（physical fitness），身體適能所指的是增加身體的適應能力，健康的身體就是指人體的心臟、血管、肺臟及肌肉等組織都能發揮有效機能。有效機能表示：身體狀況能勝任日常工作、身體有應付緊急情況的能力、能避免身體機能退化性疾病之危害及有餘力享受休閒娛樂生活。

(一)運動員之身體適能

運動員高於一般社會大眾要求的等級，為健美層級，需具備之能力要素有六項，包括：

1.動作敏捷性（agility）。
2.身體平衡感（balance）。
3.肌肉協調性（coordination）。
4.有移動速度（speed）。
5.充滿力量（power）。
6.具爆發力（reaction in time）。

(二)平民之身體適能

一般大眾體適能為健康層級，有四項要素，包括：

1.心肺循環功能（cardiovascular fitness）：心肺循環功能相似詞彙：心血管循環耐力、心肺耐力、循環適能、心肺適能、有氧適能、心肺承載能力。
2.肌肉力量／韌性（muscular strength / endurance）及肌肉耐力／持久力（muscular endurance / strength）：兩者合稱肌肉適能（muscular fitness）。肌肉力量表示肌肉一次所能產生的最大力量，肌肉耐力表示肌肉承受適當負荷時肌肉運動反覆次數之多寡或持續運動時間之長短。
3.身體柔軟性／抗壓性（flexibility）：幫助肌肉順利使力的，就是身體的「柔軟度」。柔軟度就是肌肉能夠延展的程度，就像橡皮筋一樣，如果太緊，表示肌肉太緊繃、很難出力，甚至會造成肌肉痠痛，太鬆則代表身體沒辦法自由控制肌肉，都是不健康的。。
4.體脂肪比（body composition）：體脂肪率是指體重有多少百分比是由脂肪所構成，男性正常體脂率在14～23%之間，女性在17～27%之間，年紀越大體脂率越高，30歲的男性超過25%、女性超過30%即為「肥胖」。

(三)平民身體適能之評量方法

1.心肺循環耐力測驗（固定距離跑步花費之時間）：測驗女性跑步2,400m或男性跑步3,200m所需之時間，女性心肺循環耐力之標準（跑步2,400m）：良好，13-15min；普通，15-16min。男性心肺循環耐力之標準（跑步3,200m）：良好，14-16min；普通，16-18min。

2.肌肉力量（韌性）與肌肉耐力（持久力）測驗：

(1)屈膝仰臥起坐（女性）。

(2)伏地挺身（男性）（**表9-1**）。

3.身體柔軟性（抗壓性）測驗：坐姿身體向前彎評估（**表9-2**）。

4.肥胖度評量：

(1)標準體重公式：世界衛生組織計算標準體重之方法為（男性身高cm－80）×70%＝標準體重，（女性身高cm－70）×60%＝標準體重。

表9-1　屈膝仰臥起坐（女）與伏地挺身測驗之標準（男）

等級	屈膝仰臥起坐（次/1min）	伏地挺身（次/1min）
良好	30	15
好	25～29	10～14
普通	20～24	5～9
差	20以下	4以下

資料來源：作者提供。

表9-2　坐姿身體向前彎之測驗標準

分級	女性（cm）	男性（cm）
正常	-10～-25	-10～-25
平均	5	2.5
理想	5～15	2.5～13

資料來源：作者提供。

(2)身體質量指數（body mass index, BMI, kg/m^2）：身體質量指數是最常被用來評估肥胖程度的指標，BMI超過25時屬於體重過重，30以上則認定為肥胖。

(3)皮脂厚度測量：測定皮下脂肪通常採用皮脂厚度計來測量，測定部位選擇有三處，說明如下：

- 上臂部：左上臂肩峰至肘關節的橈骨頭連線之中點，即肱三頭肌的腹部位。
- 背部：左肩胛角下方。
- 腹部：右腹部肚臍旁1厘米。

(四)身體適能之益處與健身方法

1.心肺循環適能：

(1)益處：為增強心肌、有益血管系統、強化呼吸系統、改善血液成分、有氧能量之供應較充裕、減少心血管循環系統疾病。

(2)健身方法：能達成合適脈搏數並維持一段夠長時間之有氧運動，大肌肉之全身性運動（跑步、步行、游泳、溜冰、划船及越野滑雪），持續性的運動，韻律性的運動，可隨個人能力調整強度的運動（快走、慢跑、游泳、騎固定式腳踏車、跳繩及有氧舞蹈）。

2.肌肉適能：

(1)益處：使肌肉結實有張力（muscle tone）、維持勻稱身材（physical appearance）、維持好的身體姿勢（posture）、使身體所從事的活動更有效率、充滿活力外表年輕、增加腹部及軀幹部位肌力避免脊椎前彎造成下背痛（low back pain）、避免肌力不足或肌力分配不均造成之肌肉拉傷。

(2)健身方法：肌肉適能之增強有效方法為重量訓練（weight training），針對欲增強之肌群施以明顯重量負荷，使肌肉產生拮抗作用而達到肌肉力量與肌肉耐力提升效果。使用槓鈴、啞

鈴、綜合健身器或彈力帶做負荷重量與反覆次數訓練，重量訓練之差異在負荷（load）之重量及反覆之次數（repetitions）之不同。運動頻數為48小時以上休息，但不超過96小時，一週實施2～3天為宜。

3.身體（關節）柔軟性：

(1)益處：維護背部之健康；肌肉延展性不佳造成下背痛（low back pain）症狀、維護良好之身體姿勢（肌肉發展不均衡及缺乏柔軟性是身體姿勢不良之主因）、減少肌肉痠痛與肌肉傷害〔靜態之伸展操（passive stretching exercises）對減緩及消除肌肉痠痛具有積極功效〕。

(2)健身方法：

- 刺激關節周遭之肌群伸展，包括靜態伸展操（static stretching）與動態伸展操（active stretching）。
- 周遭肌群之伸展操，包括伸展肩膀、坐姿扭轉、立姿轉體與體側伸展。

4.體脂肪比：

(1)運動減肥之益處：

- 消耗身體之能量。
- 具抑制食慾之效果。
- 擴大脂肪之消耗，減少非脂肪成分之流失。
- 預防成年前脂肪細胞數之增加，促使成人脂肪細胞尺寸縮小。
- 調低體重之基礎點。
- 增強健康體適能。

(2)運動減肥之方法：選擇全身性運動、選擇可以自我調整強度及持續時間之運動、正確計算運動所消耗之能量、減肥運動持續時間較運動強度更重要、減肥運動之效果可分次累積。

二、LOHAS森林遊樂活動與設施

如果想要遊客身心健康，森林永續經營，開發LOHAS屬性的森林遊樂活動與設施，該如何做呢？當我們打開心靈的魔衣櫥走入電影場景「納尼亞（Narnia）王國」的原始森林，這美麗的情境要如何永續維持並提供有益健康的遊樂設施與活動，使全體人民皆享樂活生活，冥想一下，該如何做（經營）呢？

(一)人類獲得身心健康的基本原理

1.原生（非人造）風景的原生（自然）體驗能鍛鍊主管人類情感的情操（感）腦，使個人情感與理智和諧。大自然中的原風景、原體驗可以幫助孩童抒發情緒與發揮創意，有助人格正常發展。原體驗是運用原始感覺（五感）的體驗，可以鍛鍊我們的情操腦（主宰情感的腦部邊緣組織）／大腦右腦。

2.在戶外自然生態環境中參與遊樂活動，能使人體沐浴在清新的空氣中，進而身體更健康。根據多國科學家的研究證實，「森林浴」包含了各種保健與復健的原理，是健康充電最好的方法之一（林文鎮，2000）。

3.探索與發現自然的森林遊樂活動，能培養人類與土地資源的情感，而更智慧的利用地球生活資源。

(二)森林情境與人體健康

1.山林環境有益保健復健。

2.森林環境中的「生物氣象」效能有益人體生理健康。

3.森林環境中具有多樣的良性刺激（eustress），是良好的自然健康調養場域。

(三)利用連結五感的森林遊樂活動紓解壓力

人類五感不運用會逐漸退化，只用視覺也讓其他感官功能變得不敏銳。森林充滿五感之美，可誘導遊客發揮五官功能盡情欣賞：

1.觀賞遠山景與綠情境（運用視覺）。
2.傾聽蟲鳥鳴與水花聲（運用聽覺）。
3.呼吸芬多精與百花香（運用嗅覺）。
4.接觸清涼山風與澗水（運用觸覺）。
5.品味野漿果與甘泉水（運用味覺）。

(四)人盡其才，地盡其利，物盡其用

召募人才組織成森林遊樂經營團隊，分工合作，開發樂活本質的設施與活動，並提供遊客接待服務與管理，讓森林遊樂區充滿LOHAS的體驗。

(五)保留原始風景設計刺激情感右腦

人類原本生活在原始情境，瞭解自己是自然界的一部分，對大自然有強烈的感受，與自然很和諧的共生。情感是人性中最原始的部分，思索自然與人類、人類彼此之間的關聯乃是情感所主導，不管是孩童或成人，常處在原始情境中，易生體貼人、關懷大自然及敬畏生命的情感，故原始風景可以刺激情感右腦，激發EQ。

(六)茂密森林中興建「芬多精」步道

西元1983年起台灣開始推廣森林浴遊樂活動，口號為「森林浴使你健康活力」，現今科學證明其功效還要再加上「森林浴使你活化腦力」及「森林浴使你提升EQ」兩項，森林浴就是沐浴在植物散發出的精氣——「芬多精」中，茂密的森林自然鬱閉，遊客健走在其間的步道上既安全舒適又有吸收精氣的良好效果。

(七)設計具知性體驗之森林生態遊程

在森林遊樂區內偏遠的原始林帶，設計自導式或引導式[5]步道或電動車道，提供遊客生態旅遊的遊程是很好的遊樂活動選擇。透過解說站提供的資訊，遊客可以獲得充滿知性與感性的遊樂體驗。

(八)塑造森林風景鑑賞與冥想的環境

鑑賞（appreciation）與冥想（contemplation）是兩項人類的心理作用，都會帶給我們較高層級的樂趣[6]，因為它們是直接透過大腦刺激反應的。開放或封閉空間、水體的型塑、地景建物及野生動物棲息地的營造等專業知識皆與景觀評鑑或分級有關，管理單位可運用在森林遊樂區內塑造森林風景鑑賞與冥想的環境。

(九)解說感性森林滿足遊客知性需要

出國團體旅遊的行程中有安排帶團護衛的領隊及目的地景點遊賞的導遊，主要的目的是增加遊程的深度，讓遊客群體能獲得滿意的觀光旅遊體驗。領隊或導遊對大自然豐富資源的專業知識，囿於學門不同，較為不足，常需景點解說人員加強知性的內容，森林遊樂區的解說服務應該是一門系統知識，必須要制訂文件式解說計畫在日常營運作業時實施，以滿足遊客群體知性的需要。

(十)詮釋生活情感交織出的森林文化

1.對於森林，從各種人類的觀點視之，充滿了學問，必經親身體驗方能領悟其意義。
2.森林在人類的生存與生活歷程中累積的經驗形成了森林文化。
3.森林的美景經過人類文化的詮釋，可以激發情感，陶冶情操，對於

---

[5] 由解說人員引領，亦是逐站解說，具雙向溝通效果。

[6] 希臘哲人亞理士多德（Aristotle）將休閒分為三個等級，認為「冥想」是最高層級。

社會文明的建設有促進作用。

(十一)開發現代科技新設施與遊樂活動

1.美國大峽谷國家公園之空中步道（圖9-10）。

2.桃園市北部橫貫公路段之小烏來瀑布風景區之空中步道（圖9-11）。

圖9-10　美國西部大峽谷國家公園之空中步道

圖片來源：作者提供。

圖9-11　北部橫貫公路段小烏來瀑布風景區之空中步道

圖片來源：作者提供。

問題與思考

1.生態旅遊為何值得在台灣的森林遊樂區內推廣？

2.屬於生態旅遊行程內的遊樂活動與設施組合包括有哪些項目？

3.人類生命的延續與樂活概念的生活之間有哪些重要關聯？

4.森林環境中能夠提供哪些保健的遊樂活動？

遊樂設施與活動管理：林業文化知性與情緒智商感性遊樂

學習重點

- 知道林業文化在森林遊樂區塊之內容
- 認識現代社會創新的森林遊樂活動與開發的設施類型與項目
- 瞭解人類呈現在情緒智商（EQ）層面的生理與心理現象
- 熟悉有益人類培育成長EQ的森林遊樂設施與活動

第一節　林業文化在森林遊樂經營之內容

森林在人類的生存與生活歷程中累積的許多經驗，逐年發展，形成了森林文化。對於森林，從各種人類的觀點視之，充滿了學問，必經親身體驗，方能領悟其意義。森林的美景經過人類文化的詮釋，可以激發情感，陶冶情操，對於社會文明的建設有促進作用，能啟迪個人靈感與智慧，進而陶冶性情。

林業文化提供森林環境與生態系統的知識、共享森林遊樂活動的喜悅與快樂、追求人類上進的本能、獲得人格美滿的發展及幫助達成生命的理想，所以林業文化可豐富人類精神生活，提升文明水準。

一、林業文化在森林遊樂經營之內容

(一)歷史

已故的英國前首相邱吉爾（Winston Churchill）曾經說過：「你越回顧，就越能前瞻。」成語有云：「靠山吃山、靠水吃水。」比喻人類依賴住居所在地方的客觀條件討生活比較容易。歷史也讓林業經營思想與做法隨之展開，在西元17世紀前，尚無與今日相同的林業，當時的林業仍停留在採伐，供給燃薪或簡單的工具建築及打造車船利用，後來開始考慮到森林之經濟效益性時才有「經濟林」名詞的出現，此時已是18世紀以後的事。17世紀森林首先出現永續利用觀念，強調永續供應木材，但要達到此一目的，勢必要用木材培育理論來支持（Hartig，18世紀初），甚至採取更積極的方法去建造森林（Cotta，18世紀後半葉），故1713年德國林學家Carlowitz發表「造林經濟學」，正式把林業科學帶入這個世界，林業的主體是人，客體是森林及其事務，林業經營是指一種以森林資源為對象的經濟活動，其經營形式是在一定的制度條件下，透過林業生產、再生產過程諸環節，體現了勞動者與生產要素組合的方式規模及利用關係。

森林依培育建造或繁殖更新方式，可以分為人工林與天然林。天然林經過伐採作業後，如不建造人工林維持天然更新狀態，則曠廢時日不符合經濟效益，若透過人工育苗、疏伐、修枝等作業，不但林木成長快速且木材品質較佳，是為經濟林業，符合現代社會需求。

以現代林業經營歷史紀錄的文化場域實例在台灣可見甚多[1]，但非常完整的實例則僅見羅東林業文化園區，概述如下：

羅東林業文化園區，原羅東林場[2]，是位於台灣宜蘭縣羅東鎮的林業展示園區，占地約20公頃，為林務局羅東林區管理處所在地。2004年，林務局於羅東林場規劃羅東林業文化園區，重現太平山林業及羅東鎮發展的林業歷史，內有竹林車站、森林鐵路、生態池（松羅埤）、機槍堡、貯木場（土場）、百年舊書攤、載運木材的蒸汽火車頭展示區等。其中百年舊書攤，位於貯木池之北側，原本是該管理處員工宿舍，內有林業、動物、植物、景觀、旅遊、童話等十一大類書籍，也有19,000筆林業相關的研究報告和論文，以及多部生態影片，並設有羅東自然教育中心[3]。2014年，羅東林區管理處整修園區內三百公尺長的五分仔鐵道，讓蒸汽火車在園區內短程行駛（**圖10-1**）。

(二)美術

在森林區加入美術的元素複合成戶外遊樂園區是現代林業文化新興的思維，有些森林遊樂區則以點綴型式舉辦繪畫競賽兼為行銷活動，亦有很好的效果，分述如下：

森林美術館：日本有不少地方推出了這樣的戶外雕塑美術館，如上

---

[1] 如花蓮縣林田山（林田山林場）、台中市東勢（大雪山林業）等林業文化園區等。

[2] 早期太平山伐木事業興盛時期，為羅東地區的木材集散之地，和阿里山、八仙山並稱為台灣的三大林場。

[3] 林務局為了推動環境教育，在下轄的八個林區管理處分別設立了八個自然教育中心，羅東自然教育中心於2008年成立。

圖10-1 羅東林業文化園區蒸汽火車在園區內短程行駛

圖片來源：宜蘭勁好玩網站。

野恩賜公園之森美術館[4]、美原高原美術館[5]等（**圖10-2**）。

圖10-2 森林美術館以展出室內美術與戶外雕塑為主

圖片來源：作者提供。

---

4 上野之森美術館，是日本東京都台東區上野公園的私立美術館。

5 美原高原美術館位於日本長野縣上田市美原高原的一座以戶外雕刻為主要展品的美術館。該館由富士產經集團運營，是箱根雕刻森林美術館的姊妹美術館。

(三)雕塑

在森林區加入雕塑藝術作品的元素成為戶外展館是現代林業流行文化，對森林遊樂區來說，自然與人文薈萃，在文藝創作發想面有很好的效果，茲以日本神奈川縣的箱根雕刻森林美術館為實例說明如下：

箱根雕刻森林美術館是日本第一家以雕刻為展覽主題的戶外美術館，位於神奈川縣足柄下郡箱根町。在森林的大自然環境中，收藏各地雕塑大師的作品多達四百件以上，其中包括台灣的楊英風與朱銘大師的作品。此戶外雕塑美術館，讓立體雕塑作品良好的融入森林環境中（**圖10-3**）。

圖10-3　日本神奈川縣的箱根雕刻森林美術館戶外展品

圖片來源：作者提供。

(四)音樂

在森林遊樂區內導入與環境相容的文化藝術活動，不破壞自然資源又能增加遊樂體驗的多樣性。戶外藝文活動能豐富遊樂活動體驗，管弦與鼓號或打擊樂器演奏，表演藝術的導入，能建立嶄新的森林文化。

森林遊樂區舉辦年度文化藝術活動實例：

1. 100～102年度溪頭森林音樂會（**圖10-4**）。
2. 農業委員會「林務局森林音樂會」（**圖10-5**）。

圖10-4　森林遊樂區內森林音樂會

圖片來源：台灣大學實驗林管理處。

圖10-5　林務局藤枝國家森林遊樂區音樂會

圖片來源：作者提供。

二、森林遊樂在文化層面之供應內容

森林遊樂能啟迪個人靈感和智慧，陶冶性情、提供森林環境與生態系統的知識、共享森林遊樂活動的喜悅與快樂、追求人類上進的本能，獲得人格美滿的發展，達成生命的理想與豐富精神生活，提升文明水準。未來森林遊樂區甚至可以導入人類社會共通的文化記憶——深植人心的童話故事與表演藝術，分述如下：

(一)有關森林情境的童話故事

◆小紅帽與大野狼

「小紅帽」的故事從很早開始便已經在歐洲的一些國家流傳，有人認為於起源於11世紀比利時的一首古老詩歌，而其來源或可上溯至公元前6世紀的「伊索寓言」，在後來之口頭流傳過程中，還可能受到了東方一些十分相似的故事的影響，如「虎姑婆」。

◆白雪公主與七個小矮人

白雪公主躲避繼母的謀害，逃到了森林中的茅屋（七個小矮人之家）。七個小矮人包括：萬事通、愛生氣、開心果、瞌睡蟲、害羞鬼、噴嚏精與糊塗蛋。之後，並有吃繼母毒蘋果衍發出的一系列故事。

◆森林裡的糖果屋

在森林中有一個用麵包做的房屋，窗戶是糖果做的。這是一個壞巫婆建的，用來引誘小孩子，將其養肥並且吃掉。故事情節是敘述有兩個小孩用智慧勝過巫婆，逃出糖果屋，找到爸爸的過程。

(二)森林的表演藝術

以森林區為場景融入表演藝術，從而增加遊客更多樣的體驗。

◆綠光森林

2005年三立華人電視劇週日十點檔系列的作品，全劇共二十三集，首播期間從2005年10月23日至2006年2月5日，取景位於桃園市與新竹線森林區，台灣知名的偶像劇（**圖10-6**）。

◆溪頭探索森林步道

位於溪頭自然教育園區內，是由製鞋業龍頭「寶成實業國際集團」捐贈，接近青年活動中心附近的森林浴步道口。入口處，是一隻蜘蛛造型的意象牌樓，暗示遊客要學習蜘蛛手腳並用，才能完成這趟體驗自然的探索森林之旅（**圖10-7**）。

圖10-6　電視節目偶像劇「綠光森林」拍攝場景

圖片來源：維基百科。

圖10-7　台大溪頭自然教育園區探索森林步道

圖片來源：新浪休閒。

第二節　發展成長個人情緒智商（EQ）的森林遊樂設施與活動

在森林遊樂區加入生態旅遊、文化藝術與身心保健元素有助於遊樂經營多樣化。森林資源的原生風景，是自然生成的，其五感體驗帶來樂趣，利於人類身心發展，幫助提升個人情緒智商（EQ）。遊客參與森林遊樂活動，從情境刺激中得到快樂體驗，進而啟迪EQ。森林遊樂區可經營有益遊客EQ成長的遊樂設施與活動項目。

一、EQ的概述

1.EQ（emotional quotient，情緒智商）與CQ（creativity quotient，創造力智商），兩者皆由人類大腦的右腦所主宰，IQ（intelligence quotient，智力商數）（智商），係由人類大腦的左腦主宰。

2.現代人處於充滿壓力的生活與社會環境中，所以賴以紓解壓力的遊樂活動變成不可或缺。但現代社會物質昌明，電視、電腦、電玩等久坐生活型態（sedentary lifestyle）的遊樂活動參與機會充斥，這些活動只用視覺學習，失去五種感官均衡使用的平衡，故只能培育出IQ人。

3.人類的腦如果只由物質生活培育，幾乎沒有感動和情緒，只能造就出知識的巨人與生活的侏儒，亦稱IQ人（只擁有高智商卻缺乏生活智慧的族群）。

4.1995年10月，美國知名心理學家丹尼爾．高爾曼（Daniel Goleman）[6]出版了一本書，名為《情緒智商》（*Emotional Intelligence*），引起社會廣泛的迴響。書之中文譯本在1996年4月至1997年12月間熱賣56萬冊（**圖10-8**）。

---

[6] 丹尼爾．高爾曼，美國著名作家兼心理學家。近十二年來，他為《紐約時報》撰稿，報導有關大腦和行為科學。

圖10-8 丹尼爾．高爾曼著作《情緒智商》（*Emotional Intelligence*）

圖片來源：作者提供。

(一)人類需要全腦教育啟迪EQ

1. 人類全腦可概分為左腦與右腦，分別主宰生理上理性與感性的功能（**圖10-9**）。
2. 現代學校教育偏重「知識至上」主義，課程安排多屬「左腦型教育」。
3. 強調左腦型教育，可能會塑造出只有競爭沒有溫情的偏差人格特

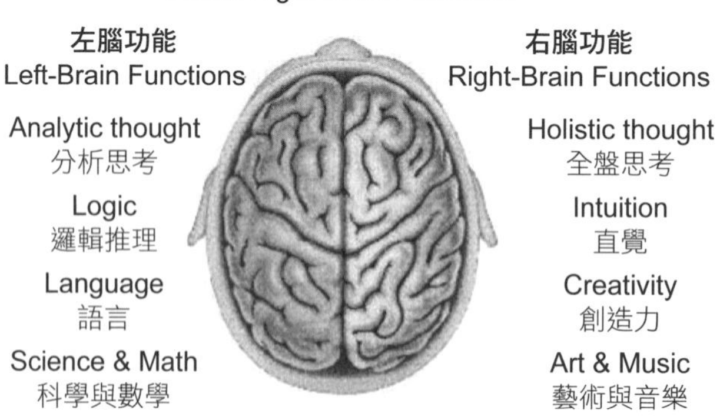

圖10-9 人類腦部左腦與右腦的功能

圖片來源：作者提供。

性，導致社會變得更功利。社會上會越來越多認為自己好就好的「人」及充斥著自己好就好的「行為」。

(二)EQ可以經學習而成長

1.EQ對人生的影響絕對重於IQ，EQ是心靈改革的重要泉源。

2.EQ可經學習而成長，EQ的學習原理：

(1)個人記憶及人格的形成與神經元之間的突觸（synapse）網絡密切相關。

(2)突觸網絡的形成是生活經驗及環境變化刺激大腦後不斷調整的結果。

(3)優質突觸要遠比神經細胞數目來得重要。

3.EQ的學習與成長需要外在三種環境（經驗）均衡的刺激，即：

(1)物質的刺激（左腦學習）。

(2)人際間交流互動的刺激。

(3)自然環境因子的五種感官知覺刺激（右腦學習）。

(三) EQ人（高EQ族群）是容易受自然環境感動的人

1.人類為萬物之靈，應憑著感官與趣解讀大自然環境，用整個身體去活用五種感覺器官吸取生活知識。

2.自然生態的環境生活須用心靈體驗，常觸動個人情感與精神，故能培育EQ人。

3.人類必須多與大自然接觸學習永續生存之道及在社會生活中與他人交流，啟動自己，成長為EQ人。

二、人類要戶外遊樂以活化右腦

(一)人類腦力的關鍵——突觸

人類是感情的動物，也是地球上開心後唯一會笑的動物，EQ人容易受到感動，是生活幸福的人。活化右腦可以成長優質突觸（synapse）並提升EQ。戶外遊樂就是活用以右腦為中心的五種感官去和大自然接觸，去和社群中其他人展開交流。

(二)森林遊樂活動的刺激產生優質突觸，增長腦力

人類的腦力可以不斷增長，奧秘在於神經元的突觸，突觸就像網路一樣，可與其他一千多個神經元相連結傳遞訊息，發揮腦部功能。突觸具有「可塑性」，有正面（積極）的優質突觸，使人樂觀積極；也有負面（消極）的劣質突觸，使人性產生偏頗。

森林遊樂是戶外遊樂機會序列（ROS）中偏向原始情境的休閒活動，是活化右腦最好的刺激來源，所以活化右腦的森林遊樂經營內容有助提升到訪遊客的情緒智商。

三、森林遊樂經營：發展EQ遊樂活動

(一)活化優質突觸的五種方法

1.人際交流：產生相敬、互助、體貼之人類良善情感。
2.自然體驗：活用天賦五感（視、聽、嗅、味、觸五種感覺器官的知覺），喚醒身體的本能。
3.常做運動：使腦部受到環境與體內肌肉、骨骼與關節等器官的刺激，常保年輕活潑體態。
4.終生學習：不斷學習到新的知識，更有機會發揮個人潛能。
5.感動心動：人類感受到心動與感動，右腦前葉就會得到活化。

(二) 發展EQ森林遊樂活動與設施

1.森林原風景與原體驗鍛鍊情感腦：大自然中的原風景、原體驗可以幫助孩童抒發情緒與發揮創意，有助人格正常發展。原體驗是運用原始感覺（五感）的體驗，可以鍛鍊我們的情感（操）腦（右腦主

司情感性的思考）。

2.立足林地，發揮視覺特性雙腳站在林地，眺望遠方欣賞「遠景」，可以豐富心靈、開闊心胸。走在森林之林緣步道，如同走馬看花般陶醉在「中景」內，讓人心花怒放。蹲立在林間小徑，鑑賞野地奇花異草，這些「近景」讓人愛不釋手。提供遠、中、近景的森林遊樂經營能讓遊客發揮天生的視覺特性，喚回人類的本性。

3.藉走入林地啟動EQ，走入森林的大自然環境，鍛鍊右腦。

(1)森林大自然充滿了生機，舒適的氣溫，微風迎面吹拂，有益於身體健康的森林浴活動應該加強「提高EQ」、「心靈改革」的目標和實際行動。

(2)「啟迪EQ森林浴」是台灣森林遊樂區一個新開發的遊樂活動，芬多精瀰漫在林間空氣中，回歸自然，走出健康與活力，藉步行活化腦力，增進智慧與EQ。

(3)教導森林開放空間的有氧運動：疏伐林木，提供開放空間，設計成戶外有氧運動教室，其內豎立圖文有氧運動解說牌，發展成自導式遊樂活動。

(4)在針葉樹林中較平坦之處興建稻穗狀森林浴步道，提供遊客做深呼吸的遊樂活動，EQ森呼吸的意涵為走入森林中做正確的深呼吸，開啟右腦、增進EQ。吸氣4秒，屏息4秒，呼氣8秒的4-4-8呼吸節奏，可以活絡副交感神經，穩定情緒。因為腦波在我們深長吐氣時，腦內會呈現α波優勢；而腦內荷爾蒙在α腦波狀態下分泌最多，可增長豪情壯志。

(5)建立「聽聲步道」，使遊客可以跟著瀑布聲音往前走。人類語言的聲音是用左腦聽取，而與語言毫無關係的音樂、鳥叫、蟲鳴、松籟、水聲等自然聲，則是用右腦聽取的，可以讓個人情緒舒暢。

(6)在森林中興建活力快步小徑／步道，開發成自導式活力快步遊樂活動（**圖10-10**）。

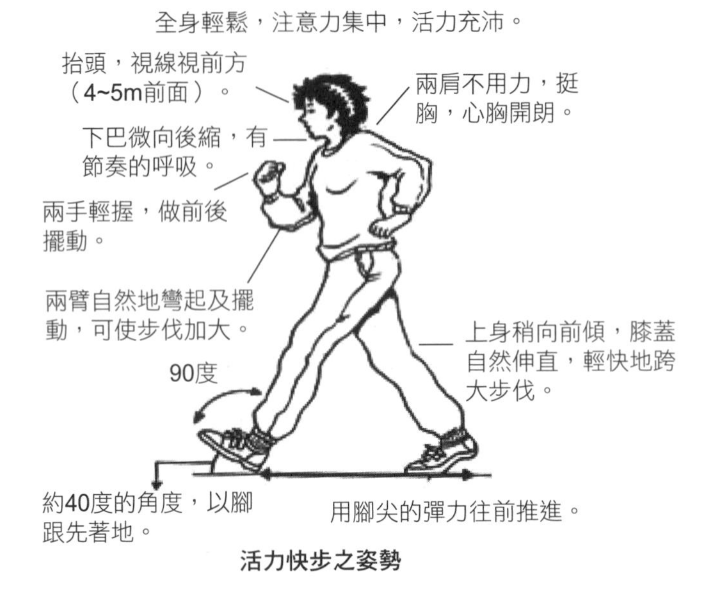

圖10-10　活力快步遊樂活動的操作

圖片來源：作者提供。

第三節　發展成長個人MQ的森林遊樂設施與活動

一、森林遊樂活動刺激五感

右腦又稱之為本能的腦，人類生理五感所獲得的各種感覺與右腦有著密切的關係，只要在森林活動中多刺激生理五感就可以鍛鍊遊客群體的右腦。

(一)品嚐森林區的野果

在森林中品嚐新鮮野果除了得到酸甜的味覺，同時亦獲得果皮顏色之美（視覺）、水果香味（嗅覺）及牙齒咀嚼（觸覺）之感，這些感官刺激都會藉神經系統傳達到右腦做綜合判定反應。

(二)森林眼球運動——採綠亮瞳

現代人常過度使用3C科技產品，導致眼睛疲勞，視力衰退，綠色有益眼睛，在一整塊綠色森林地區讓眼睛回復自然放鬆的狀態，自然而然具有養眼作用，也就是日本人所說的「採綠亮瞳」[7]之基本。

二、快走激發身體高亢快感（flowing feeling）

(一)腦內啡的誘發之道

1.肌肉運動：原運動，反射神經是由右腦所控管的機能，運動可以使右腦受到刺激、鍛鍊。運動時什麼都不想，讓自己陷於一種放空狀態。

2.走入自然：赤腳走草地、木屑鋪面步道。活力步行可以使右腦的反射神經和直覺力更加活躍。

3.森（深）呼吸：森呼吸是指走入森林深呼吸，森呼吸對遊客有五種好處，說明如下：

(1)即時舒暢，因為可以活絡自律神經中的副交感神經，使人身心舒暢、消除壓力、情緒穩定。

(2)調息排氣，深呼吸為有意識的發揮呼吸代謝作用，藉此排除體內累積的廢氣——熵（entropy），森呼吸則為吸進森林中含量高的芬多精與陰離子，保持健全的循環。

(3)促進荷爾蒙分泌，在森林中深呼吸，體內較易分泌前列腺素與腦內啡兩種荷爾蒙，均有益身體健康。

(4)引導腦波出現α波，腦波為α波時，個人最能發揮集中力、思考力、記憶力與創造力，森呼吸穩定意識引導腦波出現α波，提高自然痊癒力的功能。

---

[7] 運用眼睛吸綠養功，透過開闔眼睛與眼球動作吸進森林之綠，以滋潤調養眼睛並活化腦力。

(5)氣達丹田，森呼吸強調吐氣時縮腹，吸氣時脹腹，以下腹部的一縮一放來呼吸，可以說是「縮緊丹田」的呼吸法，人體丹田一帶充滿了自律神經，氣達丹田容易控制個人的情緒。

4.沉思冥想：冥想可提高精神集中力，使意識進入超越五感的層級[8]，冥想的功效包括：血壓下降、心跳與脈搏變慢、氧氣消耗量減少、呼吸變深與變慢、血液乳酸量減少、腦波呈現α波優勢、血液循環獲得改善。

5.樂觀進取：對於追求個人理想，抱持積極的意志和濃厚的興趣，做起事來心情處於愉悅狀態，不自覺的產生內心的寧靜和幸福感，幹勁就會隨之湧現。一個人如果凡事抱持信念，正面思考，有助於腦內啡的分泌，增強人體免疫系統。

6.自我實現：知名心理學家馬斯洛所謂的自我實現或自我確認，其意涵是將個人的潛力充分發揮出來，落實於創新、創造或投入心力服務人群等，從而獲得成就感、滿足感與價值感，並且內心中油然而生盡興的快樂感（flow feeling）[9]。當個人感受到快樂之時，激發出體貼他人之心，更會善待別人；對社會來說，大多數人彼此體恤，自然形成一個互助合作的和諧社會。

(二)步行運動，活化腦力，增進創造力

1.森林浴的第一步驟就是在森林中多做步行運動，肌肉運動與神經系統的發達是同時並進的，故運動可以活化腦力。

2.快步走可以讓人擁有清醒、清晰的頭腦與反應能力。

3.快步走使人們的大腦獲得更多的氧氣，能增加新陳代謝及活力，強化思考力，激發創造力，發揮個人的智慧及潛能。

4.森林中步行是項持久的遊樂活動，刺激腦部神經的時間較長，活化腦力效果自然較佳。

---

[8] 理學家謂之意識覺，是一種整合人體心理與生理反應的過程。

[9] 高度的興奮感及充實感等正向情緒。

問題與思考

1.林業文化在森林經營的內容中有哪些已運用的部分？

2.森林遊樂在人類文化層面有哪些供應內容？

3.屬於成長遊客情緒智商的森林遊樂活動應如何經營？

4.屬於成長遊客運動與創造力智商的森林遊樂活動應如何經營？

第三篇 森林遊樂區遊客服務與管理

本篇主要在建立讀者們對於森林遊樂區所提供遊客服務與管理的概念，也就是先瞭解遊客在旅遊過程中有哪些共通的一般需要（對於滿足安全、便利、舒適感受的項目內容），進而提供遊客滿意的服務與管理。全篇共分四章（第十一至十四章），皆屬遊客服務與管理之範疇與內容，第十一章為管理人員的工作禮節、傳送訊息服務（courtesy and information service）與公共關係，第十二章講述屬於知性體驗的遊客解說服務（interpretive service），第十三章介紹滿足遊客餐飲旅宿需求之接待服務管理（hospitality management），最後第十四章說明如何減低與化解遊客群體之間在參與不相容（incompatible）遊樂活動時引起的衝突（conflicts）。

瞭解到訪遊客（visitors）的需要與渴望（needs & desires），提供滿足使用者需求（users' demand）的服務與管理，此為森林遊樂區遊客經營的基本原則（basic principles），也是日常營運作業（daily operations）的準則（guidelines）。

其他屬於森林遊樂區遊客服務與管理項目中之安全及搜尋、拯救、恢復服務（safety and search, rescue, and recovery service）、執行管理規定（regulation enforcement）與行政作業服務（administrative service）則屬進階專業課程（advanced programs）中所講授的內容。

遊客服務：傳遞訊息、禮節與公共關係

學習重點

- 認識人際間溝通的程序（interpersonal communication process）與技巧（使用口語、非言詞、符號象徵、傾聽及回應的技巧）
- 知道群體的溝通系統與有效的溝通模式
- 熟習禮節服務（courtesy service）的內容
- 瞭解公共關係（public relations）的服務內容

第一節　人際溝通技巧與公共關係的概念

一、遊客服務人際溝通之基礎（communication fundamentals）

遊客服務與管理工作的服務品質皆仰賴管理人員具備之人際溝通技巧（interpersonal communication）與公共關係（public relations），也就是與社會大眾溝通的能力。

(一)溝通技巧

研究顯示：森林遊樂區在第一線工作的管理人員執勤時，有75～85%的時間都需要與遊客溝通（communication），所以管理人員具備人際溝通的技巧很重要，人際溝通是人們透過口語（verbal）和非口語（nonverbal）方式交流訊息並感受意義的過程。人際溝通不僅僅是關於實際說話的內容（the spoken word），尚包括如何透過語調（tone）、面部表情（facial expression）、手勢（gestures）和肢體語言（body language）傳送的非語言訊息，所以牽涉到說話的運用與發揮傾聽能力之技巧。

(二)公共關係

通常簡稱PR或公關，是指著名人物、商業機構、政府、非營利組機等透過運用各種資訊傳播方式與公眾進行雙向溝通，在組織與公眾之間建立相互瞭解和依賴關係，以樹立良好組織形象的活動。屬於組織與社群大眾間訊息傳遞時的技術運用，如森林遊樂區管理單位與遊客及社群團體之間的溝通連結，主要在建立和維持相互瞭解的、有目的、有計劃的持續過程（**圖11-1**）。

二、人際溝通之基本原則

對於每位想要建立自己溝通技巧的個人來說，必須先要完全瞭解人

圖11-1　森林遊樂區與遊客團體之間的公共關係

圖片來源：作者提供。

際溝通的一些基本原則，從這些原則形成的架構（framework）中得到有效溝通的能力。人際溝通的一些基本原則詳述如下：

(一)溝通有一定程序

人際間溝通之程序（the communication process）為在溝通的環境中，由七項要素（key factors）所組合構成，分別是訊息來源（resources）、傳訊人（senders）與編碼（encode）、通訊管道（channels）、收訊人（receivers）與解碼（decode）、回應（feedback）、溝通目標（goal）與溝通環境（communication environment）（**圖11-2**）。

人際溝通程序的七項要素說明如次：

1.訊息來源：如書籍、規則或某個人訊息，主要是提供訊息內容。來源必須要可信的，以免變成散布錯誤訊息（misinformation）、謊言（falsehoods）或影射（innuendo）。

2.傳訊人：某訊息編碼的個體，通訊人。

3.通訊管道：傳達訊息的媒體，如人員、平面或電子媒體，通常使用

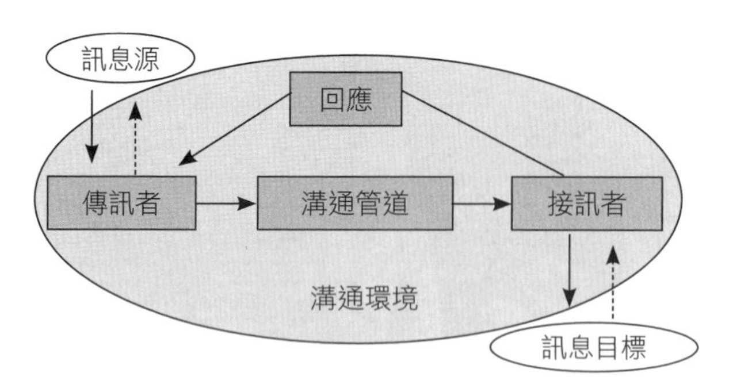

圖11-2　人際溝通的程序

圖片來源：作者繪製。

越多的管道，越能避免誤解訊息。

4.收訊人：編碼訊息要傳達給的個人或群體，接訊人必須將此訊息解碼，具備傾聽或感知的技巧對其是重要的。

5.回應：接訊人收到訊息後回應出其對訊息瞭解程度，回應可能是直接的（回傳訊息）或間接的（已讀不回）。

6.溝通目標：訊息傳達後的渴望效果。訊息可望的溝通目標有如下五種可能：

(1)內容挑選（selection）。

(2)整體概念（comprehension）。

(3)要求接受（acceptance）。

(4)適時提醒（recall）。

(5)操作指引（use）（**圖11-3**）。

7.溝通環境：發生人際溝通當時的實質與社會環境，也就是與訊息相關的前因、內涵與所處環境。

(二)與他人不可能不產生溝通行為

不管我們做或不做動作，都在對外界傳達一個訊息。因此，不管如何，每個人都要小心翼翼地傳達出一個正面的意象，因為動作是清楚可見的。

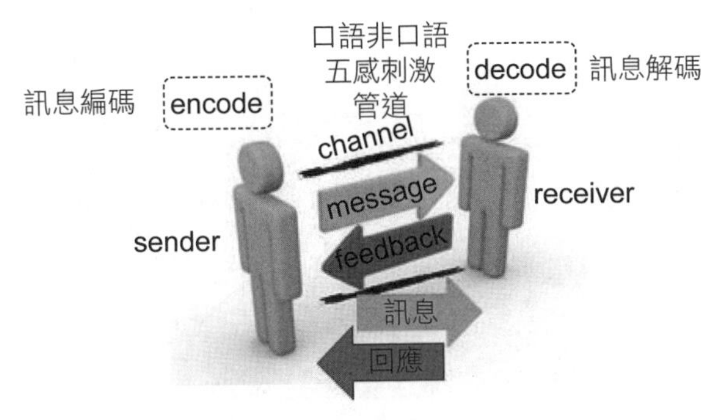

圖11-3　訊息透過五感刺激管道編碼與解碼進行溝通

圖片來源：作者提供。

每次的溝通均包括：

1.訊息內容（content）：要傳達的資訊或技巧。
2.字詞意涵（relationship）。
3.段落關聯性（context）。
4.環境背景（an environmental situation）。

(三)人際溝通藉口語、非言詞及象徵符號方式為之

1.口語（verbal）：言談講話，包括我們的用詞（word, what we say）與語氣（tone, how we say it），當我們使用口語溝通時要發揮說話（para-verbal）的四大活力，分述如下：

(1)身體活力（physical vitality）：身體做有目的之移動。

(2)聲音活力（voice vitality）：控制說話音調、速度讓聲音充滿溫暖、友善、說服性及變化。

(3)用字活力（word vitality）：善用簡短有力字句及片語。

(4)接觸活力（contact vitality）：流露出真誠、親切、友善的眼神。

圖11-4　畫圖及使用標誌符號

圖片來源：作者提供。

2.非言詞（nonverbal）：使用不同形式間接的溝通，如：

(1)手勢。

(2)面部表情。

(3)情緒表現。

(4)外表打扮。

(5)接觸。

(6)個性顯露。

3.象徵符號（symbolic）：書寫（written）、畫圖（drawing）及使用信件、海報、標章、貼紙、標誌符號等（**圖11-4**）。

(四)有效地溝通產生在溝通帶內

溝通帶（the zone of communication）為x傳遞訊息者與y接收訊息者兩個不同個體間重疊部分，重疊部分愈大，人際之間愈容易溝通，溝通帶大小具有變動性，擴大方式可以藉展現管理員個人熱忱、關切對方及發揮正面專業態度達成（**圖11-5**）。

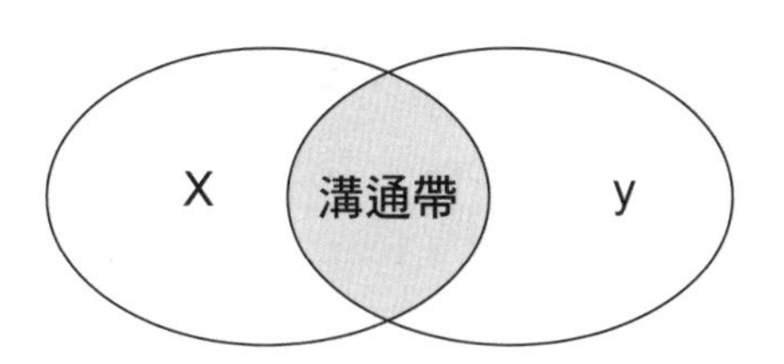

圖11-5　溝通帶示意圖

圖片來源：作者繪製。

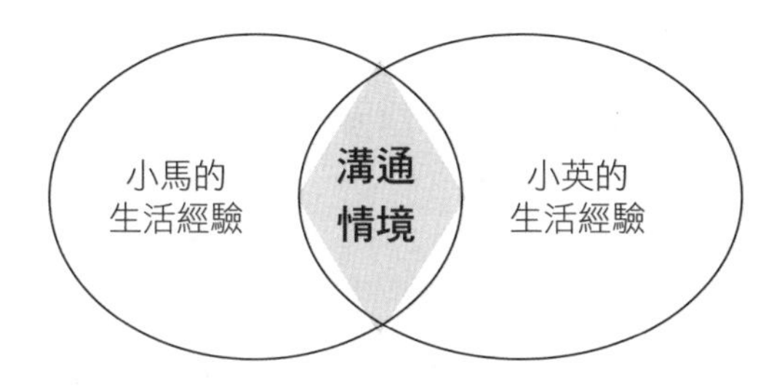

圖11-6　溝通情境示意圖

圖片來源：作者繪製。

人際溝通時增加溝通者間生活交集的關係也可創造出良好的溝通情境（知音型溝通帶）（**圖11-6**）。

(五)溝通藉著人類視、聽、嗅、味、觸覺等五種感官知覺而生

口語與非口語的五感刺激管道，人類五感在日常生活中使用發揮之百分比主要是視覺，約占85%，聽覺次之，約占7～8%，剩下的才是嗅、味、觸覺等三種感覺，所以人際溝通時視覺（刺激）溝通其實很重要，尤其對象是男生時，因為有句俗語說：「男生是視覺的動物。」

英文有句警語「What you do speaks so loud, I can't hear what you say.」，以中文來說，直接翻譯就是「你所做的比你所講的更大聲，所以我不相信你所說的話」，簡言之，可用「聽其言觀其行」闡釋之。

(六)溝通不良的原因常常由於某些溝通障礙所造成

人際溝通時的障礙（barriers）常是很多原因造成的，歸根究底最主要就是害怕（fear），怕受傷（fear of injury）、怕被誤解（fear of misunderstanding）與害怕被認為給了承諾（fear of acceptance）。次之，則為憤怒（anger），其實其中也隱含著害怕的因素。這些都是森林遊樂區管理員必須要克服的溝通障礙。一般化解溝通障礙的方法有三個：(1)建立正面自我觀念；(2)掌控憤怒情緒；(3)塑造支持性氣氛及避免對抗性氣氛。

另外，森林遊樂區管理員在接待遊客時要避免會產生溝通不良的五種狀況中，說明如下：

1.先有成見：因遊客年齡、外觀打扮或衣著而有偏見。
2.忙於冗物：執勤實一直在做一些瑣碎的雜事，表現出很忙碌的樣子，令遊客望而怯步。
3.具優越感：覺得遊客有求於己，擺出施捨的心態。
4.缺少禮貌：頤指氣使、倨傲無理、無法發自內心尊重遊客。
5.不能專心：心有旁騖、眼神流轉、不能專心應答。

(七)要能溝通無礙，人際關係良好，須先具備傾聽的技巧

好的對話始於傾聽（Every good conversation starts with good listening），透過傾聽增進瞭解，透過溝通達成共識，很多研究顯示：一般人在聽完了一個訊息後，短時間內大概只記得二分之一的內容。所以，生理上的聽（hearing）與心理上的傾聽（listening），其實是兩回事。傾聽是一種習性是需要培養出來的，傾聽習性的培養要經過四個水準等級達成：(1)有所體會（making sense out of sound）；(2)知其所言（understanding what is said）；(3)明辨緣由（critically evaluating what is said）；(4)了然於胸（listening with understanding of the sender’s point of view）。

◆培養傾聽習性的技巧

森林遊樂區管理員應努力維持個人的傾聽能力在第四等級，培養傾聽習性，以下技巧值得牢記與練習：

1.篤信傾聽是對管理員個人一項重要的技巧（an important skill）。
2.篤信傾聽是一項主動的過程（an active process）。
3.聽其言談前，勿以衣著、外貌取人。
4.聽其言時，眼睛注視對方，心中浮想其優點。
5.主動請求告知。
6.注意訊息要點（念想、觀念及原則等）。
7.先聽談話內容，再據以做評斷。
8.不揣測、重複對談者話語重點。
9.對人及其言均熱忱以對（眼神專注、身體前傾），不先有成見。
10.專心聽其言優於摘記話語內容。
11.掌控情緒、避免分神（如搔首弄姿、玩弄筆桿或配戴的飾物）。
12.面容切勿過於嚴肅，身軀不要軟癱在椅子上。

◆有效傾聽的五個步驟

森林遊樂區管理人員也可於居家時練習以下五個步驟的有效傾聽方法：

1.靜默（silence）：保持不出聲，靜靜地聽。
2.分辨（mixer）：仔細分辨環境中的各種聲音。
3.品味（savoring）：用品嘗方式聽日常的聲音。
4.移位（listening position）：移動聽者的站位（領袖、老師、夫妻、父母、朋友），換角度去聽。
5.感知、接受、摘要、提問（receive, appreciate, summarize, and ask）：聽看、用心、摘記與提問。

三、非言詞溝通的技巧

非言詞溝通的技巧需要使用肢體語言（our expressions and actions），包括手勢、臉色表情、眼神接觸、身體移動及趨近之態度展現、外觀之穿著打扮、肢體碰觸（touching）、顯現個性等。

(一)正面的肢體語言

1.趨前靠近接訊的對方（當然口氣要芬芳）。

2.身體前傾。

3.打開交叉前置的雙臂。

4.眼睛注視談話的對象並時時眼神交會。

5.面帶／露親切的微笑（接公務電話前尤須如此，常吃cheese／茄子[1]，講話時聲音自然和善，有助於人際間溝通）。

6.以點頭或搖頭回應、起身站立致意。

7.友善地握手言歡（男生切記遵循握手禮節）。

(二)負面之肢體語言

1.男生交叉雙臂置於胸前，女生雙手叉腰。

2.以雙手或在掌中玩弄物件。

3.行為舉止猶豫不決。

4.眼睛一直盯著地面或他處（天花板、地板或黑板等三板）。

5.雙腿不停地抖動或打拍子。

6.男生不斷地抓腮搔癢，女生一直撥弄飄逸長髮。

7.男生翹著二郎腿靠坐在椅上。

---

[1] 笑容嘴型的英、中文發音。

四、文字溝通的技巧

(一)善於遣詞用字

1.知識就是力量（knowledge is power）。

2.以禮為體（格式），以情（抒情）為用（天生我材必有用，千金散盡還復來）。

3.有順序做觀念的表達並善用標題（人間四月天）。

4.內容以「我們」取代「你」的第二人稱。

(二)輔以名言[2]

諸如英國已逝首相邱吉爾引用過的諺語：血濃於水（Blood is thicker than water），美國小說家瑪格麗特．米切爾名著《飄》（*Gone with the Wind*），電影《明天過後》（*The Day After Tomorrow*）等，皆可適時出於詞句文字中。

(三)發電子郵件（e-mail）及簡訊之要旨

1.英文字句不要全用大寫。

2.簡短字句及篇幅。

3.不要涉及機密及爭議性內容。

4.不在憤怒狀態下發信。

五、處理遊客動怒之情況

(一)處理過程

1.有什麼不滿意之處，允許我來幫忙解決嗎！

2.為何生氣，可以告訴我嗎？

---

[2] 名人曾經說過的話語、名著或電影之標題。

3.請先坐下來，喝一口茶，消消氣！
4.讓其先發洩怒氣，但不要誘導成肢體暴力。
5.感同身受的釐清楚事因，並進一步分析緣由。
6.針對生氣情況，採取適當行動。

(二)以耐心、專業及心術使動怒遊客冷靜並做正面溝通

面對憤怒的遊客表現出溫和性的積極，方法如下：

1.聲音平穩而堅定、音量大小適中、語調熱忱富感情。
2.臉部表情會因高興而微笑、因生氣而皺眉、下巴放鬆。
3.目光穩定而非瞪視對方。
4.抬頭挺胸、靈活運用開放的雙臂及手勢。

第二節　禮節服務

一、禮節服務（courtesy service）的內容

在人類社會，現代禮節（儀）（modern etiquette）包括一般行為、社會生活、工作場域、儀式、人際溝通等方面的禮節。森林遊樂區管理人員需要恪遵的人際溝通等方面的禮節包括口語使用與肢體動作兩方面。

(一)口語使用禮節

1.常說「請」與「謝謝」兩字詞。
2.稱呼遊客為先生、女士或小姐。
3.對於遊客亮眼的表現，不吝於給予稱讚（compliments），即使是刻意的「戴高帽」也是受歡迎的。
4.對於遊客的誇讚，即時露出笑容並回應說一聲：「謝謝。」

(二)肢體動作禮節

1.時常保持微笑。

2.以手掌及掌心指引與示意。

3.避免以手指頭指向他人。

4.在表演結束後，鼓掌是一種禮貌。

5.避免公然或在食物旁邊打噴嚏或擤鼻涕。

6.不要詢問一些私人性問題，如遊客或其小孩的年齡、配戴飾品的價格及學歷等。

二、森林遊樂區工作場域提供的遊客禮節服務

包括服裝儀容與專業知能兩方面：

(一)服裝儀容的禮節

1.森林遊樂區現場工作人員穿著制服值勤。

2.為了瞭解遊客的行為或進行法規強制執行工作，可以穿著便服值勤。

3.不要在大庭廣眾之下梳頭、補妝或是修剪指甲。

(二)專業知能的禮節

1.盡量親自引領遊客。

2.在工作現場注意提供遊客服務的先後順序。

3.不批評（do not criticize）遊客個人或群體。

4.不要在遊客個人或群體前打呵欠（yawning）顯示疲累，即使在辦公室內也須用手掌遮掩。

5.與遊客交談時不要霸占住通道，妨礙其他人通行。

6.不要對遊客說謊，除非是某些讓事情變得更好的話語，如：好漂亮的衣服、好可愛的寶寶或是好棒的提問等。

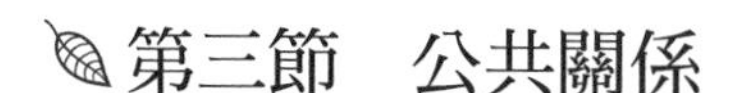

第三節　公共關係

工作人員與遊客個人或群體溝通的方式與技巧是不同的。森林遊樂管理單位為樹立良好形象、取得公眾的理解及支持，必須加強與社會公眾的關係。隨著多媒體應用的普及化，公營機構都開始利用多個社交平台作傳訊用途，因為訊息在網路上的傳遞快，大大增加公關危機的機會。

一、公共關係計畫的基本原則

每一個公營單位都有公共關係，無論是好壞或可有可無的，對森林遊樂區管理單位來說，營造及保持好的公共關係是很重要的，因為好的公關能讓遊客服務更有價值。釐訂公關計畫有幾個基本原則，說明如下：

1.內容要涉及員工、志工、合約廠商、散客[3]、團體遊客與鄰近社區居民。

2.解決其他個人或社群問題同時，也解決遊樂區自己的問題。

3.展現出具正面的、前衛的、助人的、進步的計畫，雙向溝通是重要的。

4.強調達標結果，不強調使用手段。

5.誠實或真相都非強調重點。

6.內容須經過協調整合，目的在營造瞭解、引起興趣、激發態度、形成意見並累積信任。

二、選擇適合的公共關係溝通系統

1.完滿的群體溝通是不可能的，因為每個人皆有不同的成長背景，使用不同的話語與表達方式，溝通協調是為了行動一致達成工作目

---

[3] 非屬社群團體遊客的皆稱之為散客。

標。

2.集權式（Y型、輪型、鉸鍊型）溝通網路（communication network）[4]解決簡單例行性目標精確又有效率。

3.分權式（圈型、星型）溝通網路鼓舞創造力達成較複雜目標，但成員的素質要求較高（**圖11-7**）。

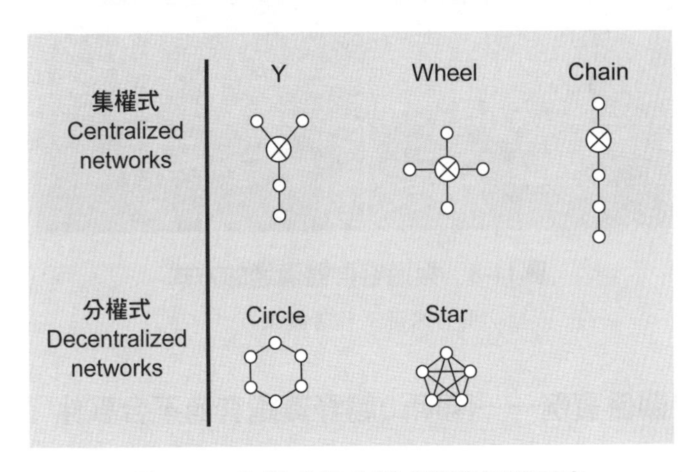

圖11-7　集權式與分權式溝通網路示意

圖片來源：作者提供。

三、與遊客團體的溝通系統

群體的溝通系統共分集權式（Y型、輪型、鉸鍊型）及分權式（圈型、星型）溝通網路，分別說明如下：

1.集權式：集中化結構，如輪型結構，對解決簡單的問題很有效，引導式解說在各個解說站或行進時在步道上常採用。

2.分權式：非集中化結構，如圓型結構，對複雜問題的解決很有效，引導式解說在集合路頭區與結束時開放空間常採用（**圖11-8**）。

[4] 人際溝通中訊息傳遞方向而形成的路線形態，能影響群體工作效率。

圖11-8　與遊客群體溝通的方式

圖片來源：作者提供。

四、公共關係實例——陽明山越野賽跑官商不合事件

1.前因：2015陽明山國家公園內舉辦官辦越野賽跑競賽

越野路跑賽競賽規程內明顯可見指導、舉辦與協辦單位皆為官方或半官方組織，摘錄如下：

(1)指導單位：內政部、內政部營建署。

(2)主辦單位：陽明山國家公園管理處、臺北市政府。

(3)承辦單位：中華民國路跑協會。

2.說明：陽明山國家公園管理處與臺北市政府合作主辦「陽明山越野路跑賽競賽」，委託公營機關的白手套——中華民國路跑協會（Chinese Taipei Road Running Association）[5]承辦，此乃政府機關施政績效的一環，也是公關的一部分。

3.延伸：民辦越野路跑競賽活動

---

[5] 位於臺北市大同區公所內，昌吉街55號2樓206室。

「2016七星登山王」越野路跑競賽活動，打算在2016年4月30日（週六）在七星山登山步道等地進行越野賽跑。陽明山國家公園管理處（陽管處）表示活動已違規，呼籲選手拒絕參加。記者摘錄的新聞稿如下：

陽管處表示，該活動在陽明山國家公園多條古道及登山步道上舉辦，路幅狹窄，跑者可能會造成步道遊客心理壓力與衝撞意外，一旦意外發生，救援困難，對一般遊客造成重大威脅，但主辦單位執意舉辦，實屬違規活動，籲請選手拒絕參加。

主辦單位認為，活動地點是「親山」步道[6]，並非要經過申請的管制區，陽管處去年允許舉辦，今年卻惡意刁難，令人質疑為何有兩套標準，雙方協商後未達成共識，所有活動籌備將自行辦理。預定於4月30日開跑的「七星登山王」越野路跑活動，無視陽明山國家公園管理處拒絕核准舉辦，揚言「山上不需要路權、陽管處管不著」，還嗆聲要「準時開跑」。主辦人說：有誰可以告訴我，台灣有哪條法令規定山徑越野競賽不可以辦？若無，那又為何不能辦呢？我們又不是東亞病夫！

4.公關溝通結果：關門拒客，兩敗俱傷。

陽明山國家公園管理處今天於官網上發出「封閉整修」的訊息，指出為維護遊客安全，本月29日、30日，七星山步道、竹篙山支線步道、頂山石梯嶺步道等步道暫時封閉整修。主辦單位也於活動網站上發出活動延期通知，並表示會於5月3日公告後續活動辦法，並強調「我們一定會維護跑友權益」。

5.公關溝通方案：雖然誠實或真相在執行公關時不要過度強調，但以欺騙的施工訊息作為溝通處理方案，實為不智，應該要避免一般遊客因封路權益受損，改以宣傳國家公園的全民福祉與保育利用的精神。較佳的公關做法如下：

---

[6] 與「親水」步道一詞概念相同，意味著此類設施適合遊山玩水的活動。

(1)園區內每一條遊樂步道都需要有路頭區，豎立解說布告欄，告示使用規則條文，說明使用限制。

(2)公示說明國家公園範圍內已明文禁止大型營利事件商業活動的舉辦，既告知民營商業團體舉辦單位，同時傳達給社會公眾群體週知，避免後續類似事件的發生。

問題與思考

1.何謂溝通帶？如何擴大傳訊者與接訊者間溝通帶？

2.森林遊樂區管理員須具備的傾聽技巧為何？

3.禮節服務的內容為何？

4.為什麼森林遊樂區管理單位與遊客群體及社會大眾間公關很重要？

遊客服務：解說

學習重點

- 認識森林遊樂區提供解說之目的及基本原則
- 知道一些解說服務的方式及內容
- 瞭解可資運用解說媒體的種類
- 熟悉森林遊樂區遊客解說計畫的規劃及執行

第一節　森林遊樂區解說服務

解說屬於遊客服務的一環，係將森林遊樂區的資訊經由人或物等媒體傳達給遊客之一種行為，遊客解說服務（interpretation）是協助遊客瞭解與鑑賞其所見之視覺資源並傳達園區希望告知遊客的訊息。

解說服務之功能主要有三項：(1)教育性，提供遊客學習的知性體驗；(2)娛樂性，提供遊客歡樂的感性體驗；(3)宣傳性，提供園區告知遊客的傳播訊息。

一、解說之目的及基本原則

(一)解說之目的（objectives）

1.幫助遊客熟悉、瞭解及鑑賞森林遊樂區。

2.傳達森林遊樂區管理單位之訊息。

3.協助達成保護生態資源、提供遊客滿意體驗、賺取利潤及創造社會福祉之森林經營管理目標。

(二)解說之基本原則（basic principles）

針對自然資源導向的場域（所）提供遊客解說服務，始於20世紀中葉，一些有解說實務經驗的學者們開始出版書刊分享其寶貴經驗所累積出的解說原則，分述如下：

◆泰爾頓的解說六原則

西元1957年，弗里曼．泰爾頓（Freeman Tilden）在其著作《解說我們的襲產：遊客服務的原則與實務》一書中的第9頁提出如下觀點：

1.針對遊客背景特性說明。

2.除了資訊亦應包括內涵寓意。

3.儘量利用多種技巧（術）。

4.除了告知亦要激起情感或行動漣漪。

5.內容要完整不要只是片斷。

6.幼童解說方式可多重嘗試。

◆**索爾曼的解說七原則**

西元1968年，由約瑟夫・索爾曼（Joseph James Shomon）在其所著述的《戶外解說手冊》（*Manual of Outdoor Interpretation*）一實務書刊中所提出的見解。

1.說明事實並激發好奇心。

2.正確說明遊客所見。

3.除了一般人際溝通亦要個人經驗傳遞。

4.創造學習及經驗分享的氣氛。

5.因應遊客需要及反應施以解說。

6.名字及屬性要一併說明。

7.解說目標是讓每個人都能成長遂其所願。

二、解說方式的區分及內容說明

(一)解說方式之區分

森林遊樂區景點資源除動物界種類外，其餘客體多位於固定的地點，遊客則是能移動的主體，基於遊樂主、客體之間的互動關係，解說方式可區分為移動式的動線解說與固定一處的定點解說，分述如下：

◆**動線解說**（transitional interpretation）

沿著一條移動的路線如步道、車道或河道，提供無解說員、遊客使用解說手冊或解說牌的單向自導式（passive self-guided），或是有解說員帶領的雙向引導式（active guided）解說服務（**圖12-1**）。

圖12-1　解說員進行遊客解說活動

◆**定點解說**（stationary interpretation）

固定在一個地點，如服務台（information duty），提供如視聽設備播放（audio devices）、模型陳列展示（exhibits）等單向解說，或有解說員演講（talks to groups）或表演說明的雙向解說服務。

(二)解說方式之內容

◆**動線解說之內容**

管理單位提供的解說服務基於有無解說員參與其中，可分為引導式或自導式解說兩類，詳述如次：

1.引導式（guided）雙向解說（active interpretation）：使用交通工具包括巴士、汽機車、腳踏車、雪車等車輛（vehicle），騎乘牲畜／馬騾（saddle），動力／非動力船隻船舶（boat），或步行（foot）、雪靴、雪橇、游泳用浮力板。

2.自導式（self-guided）單向解說（passive interpretation）：使用交通工具包括車輛、牲畜／馬騾、步行、船舶。

◆**定點解說之內容**

位於定點的解說方式，可視管理單位的解說人力供給而做解說員的調配，人力不足時採用單向解說，人力充足時則採用雙向解說，分述如次：

1.無解說人員的單向解說或有解說人員的雙向解說，包括展示——遊客中心圖片展示、幻燈片說明（slide presentations）、影片放映（movies），解說站（interpretive stations）／服務台（information desk），表演（demonstrations）——手工藝表演（folk craft demonstrations）（**圖12-2**）。
2.雙向解說：演講（talks）、營火晚會（campfire programs）。

圖12-2　室內或戶外服務台

圖片來源：作者提供。

三、解說之執行程序

(一)定點雙向解說

森林遊樂區解說員執行雙向解說服務之程序共分三個階段：

1.規劃及準備（planning & preparation）：針對遊客的特性，規劃需要解說的綱要與內容，並準備相關的輔助解說道具。
2.進行解說活動（conducting the interpretive activity）：遊客完成報到之後，按照既定時間開始執行已準備就緒的解說活動。
3.評估效果（evaluation）：解說活動結束後，評估此次解說執行的效果，作為後續改進之參考。

(二)動線雙向解說

茲以引導式步道動線解說之旅（guided walks & tours）的執行程序為例說明。

步道解說之旅的目的在讓解說員於特定解說內容中與遊客分享視覺資源的知識與體驗，其實施程序分為四個階段，說明於次：

1.開始準備至引導解說活動，行前之工作內容：
(1)開始準備工作內容，包括：熟悉引導小徑或路段、瞭解每一站解說訊息、選定出發前集合地點、訂定旅途中緊急事故處理計畫、做出發／行前檢查工作，如望遠鏡、植物圖鑑、羅盤儀、水質檢測箱等準備齊全了嗎？
(2)引導解說活動行前工作內容，包括：提前到達與遊客建立熟稔度、做行前活動看、圖片及製作手杖等，正式開始致詞，自我介紹，管理單位及部門，介紹解說之旅行程（說明目的及主題、事先說明你想讓遊客看到的某些特色、強調安全並提及路上會碰到的危險狀況或侵擾人類的野生動植物、告知距離、相關挑戰難度及花費時間、說明路途行進中間須遵守之規定、指派行程中助手並事後給予獎勵、發放地圖摺頁手冊、邀請途中提問及出發前再確認有無問題）。

2.行進過程中之工作內容：

(1)以悠閒的步伐引導前進（以全體遊客中步速最慢者為基準）。

(2)保持全體遊客盡量緊接在自己身後。

(3)讓群體保持參與活動的興趣感，藉發問、徵求意見等行動激發遊客反應。

(4)抓住機會，即時灌輸保育常識。

(5)強調沿途安全，時時清點人數（尤其在登上車、船之後）。

3.結束活動前之工作內容：

(1)集合全體遊客，回顧行程中接收之重要觀念知識。

(2)感謝遊客的參加並邀請其再參加即將到來的後續活動。

(3)詢問遊客有無提問。

(4)請助理收回發放之裝備。

(5)解散，但解說員自己留在現場，回答有心遊客的問題。

4.評估活動效果及撰寫報告：

(1)檢視活動過程。

(2)知道解說的效果並做適當修正。

四、解說人員注意事項

人員解說方式中，解說員是個媒體（medias）也是個旅程知識平台（platforms），在遊客解說服務中同時擔任傳訊者與接訊者良好溝通的工作，扮演的角色很重要，所以有重點與一般需要注意的事項，說明如下：

(一)培養良好說話習性（speech habits）

在解說過程中保持：

1.身體活力（physical vitality）：身體做有目的性之移動。
2.聲音活力（voice vitality）：讓說話的聲音充滿溫暖、友善、說服性及變化性（音調、速度及音量方面做改變）。
3.用字活力（word vitality）：解說過程中，在正確的時間使用正確的字詞（簡短有力字句及片語），發揮語意的最大效果。
4.接觸活力（contact vitality）：面對聆聽的遊客群體，眼睛投射出真誠、親切、友善的眼神。

(二)「舞台恐懼症」（stage fright）克服之道

1.自信、鎮定並保持平常心。
2.完完全全的準備，熟記活動的開場白。
3.開始說話前，環視全場聽眾片刻。
4.想著主題，不要時刻在意自己的表現。
5.開場時，講一個簡短但有趣的故事。

(三)一般注意事項

1.解說過程中，如果腦筋一片空白，不要緊張，停住、待思緒恢復後再繼續。
2.記住解說大綱即可，無須完全背熟內容，忘了的部分就跳過，稍後記起來時，再等待時機說明。
3.要熱忱地與遊客保持互動關係。
4.保持冷靜，不要煩躁。
5.要有耐性，不要漫不經心或言語上失禮。
6.聽清楚並瞭解遊客所言。
7.不要客氣地說自己「準備不足」或「口才不佳」。
8.定義或說明聽／觀眾不熟悉之觀念，要舉實例說明。
9.舉典故、做比較、引用證據，最好以說故事的方式敘說解說內容。

圖12-3　利用畫冊或圖鑑等視覺輔助

圖片來源：作者提供。

10.以不同字句重複重要觀念，利用視覺輔助工具加強解說效果（**圖12-3**）。

第二節　森林遊樂區解說媒體的應用與解說實例

一、解說媒體之種類

(一)媒體工具

遊客解說服務可使用的媒體工具包括：印刷品（海報、招貼、摺頁、解說手冊及旅遊指南）、警告標誌、指示牌及解說牌、視聽器材、投影片、錄音帶及錄影帶等（**圖12-4**）。

(二)簡報軟體

如使用Power Point、Prezi、PPS等簡報應用程式軟體製作解說內容，使用播放器定點自行播放，或由解說員在解說活動中使用（**圖12-5**）。

圖12-4　台灣生態旅遊的解說警告標誌

圖片來源：作者提供。

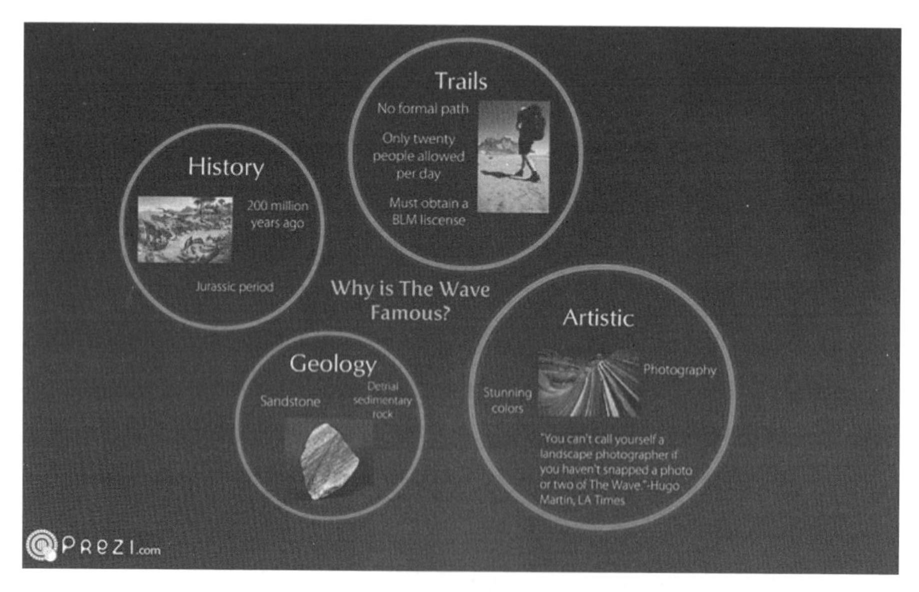

圖12-5　Prezi解說簡報軟體的播放畫面

圖片來源：作者提供。

二、森林遊樂定點解說方式實例

(一)遊客中心視聽室放映影片

片名《森林遊樂區遊樂景觀之類型》（*Types of Forest Recreation-Scape*）；影片播放大綱與內容：

◆**大綱**

1.森林景觀之功能。

2.森林遊樂景觀之類型。

◆**影片內容**

開場說明綠色情境的遊樂效益與森林美景的形成（遠、中、近距離的視覺景觀能傳達出景物的形、色、質美感元素）（**圖12-6**）。

進一步說明森林遊樂景觀區分為七種類型，各有不同的特性，但同一景觀也可能有兩種特性，介紹內容如下：

1.全景型景觀（panorama）：展望景觀，視界上幾乎無限制。全景型景觀令人敞開心懷忘卻煩惱憂慮（**圖12-7**）。

圖12-6　遠、中、近距離的視覺景觀表現出個別形、色、質美感

圖片來源：作者提供。

2.特徵型景觀：視界裡有一主題物占據了重心（**圖12-8**）。

3.封閉型景觀（enclosure）：一個空間其四周被一些連續性物體（地形或林木）圍繞。封閉型景觀引人沉思與冥想（**圖12-9**）。

4.焦點型景觀（focal）：溪谷、林道、寺廟外型，焦點型景觀讓觀賞者士氣振奮，胸懷大志（**圖12-10**）。

圖12-7　全景型景觀

圖片來源：作者提供。

圖12-8　特徵型景觀

圖片來源：作者提供。

5.覆蓋型景觀（covered）：頭上有覆蓋的森林空間（**圖12-11**）。

6.細部型景觀（detailed）：規模小的近景足以吸引人們觀賞，細部型景觀建立遊客環境意識（**圖12-12**）。

7.瞬間型景觀（momentary）：天象上短暫性變化或野生動物出沒的景觀。瞬間型景觀是自然的神奇（nature wonders）也是使遊客驚喜

圖12-9　封閉型景觀

圖片來源：作者提供。

圖12-10　焦點型景觀

圖片來源：作者提供。

與感動（touching）之製造機（generator）（圖12-13）。

最後再以景觀鑑賞（landscape appreciation）的解說，與遊客群體分享視覺體驗的結果，內容如次：

圖12-11　覆蓋型景觀

圖片來源：作者提供。

圖12-12　細部型景觀

圖片來源：作者提供。

圖12-13 瞬間型景觀

圖片來源：作者提供。

1.全景型景觀令人敞開心懷忘卻煩惱憂慮。

2.特徵型景觀發人省思，令欣賞的主體油然而生聯想與幻想。

3.封閉型景觀引人沉思與冥想。

4.焦點型景觀讓觀賞者士氣振奮，胸懷大志。

5.覆蓋型景觀[1]隱現未來的希望，引人遐想，並於心底浮現出憧憬。

6.細部型景觀建立遊客環境意識。

7.瞬間型景觀是自然的神奇，也是使遊客驚喜與感動（touching）之製造機（generator）。

(二)營火晚會

台灣地區的森林遊樂區管理單位從未針對住宿遊客辦理過園區內營火晚會，但有舉辦過類似的音樂會活動[2]或發現螢火蟲晚會[3]，活動流程皆一樣，說明如下：

---

[1] 日本漫畫家宮崎駿（Miyazaki Hayao）的大作《神隱少女》中的隧道是其中一個典型。

[2] 台大實驗林是國內舉辦森林音樂會的先行者。

[3] 中興大學惠蓀林場森林遊樂區是此類森林生態旅遊活動的先行者。

1.致歡迎詞。
2.宣達注意事項。
3.宣布近期活動。
4.開始晚會活動。
5.宣告結束。

第三節　森林遊樂區解說計畫之規劃及執行

一、解說計畫之規劃

解說計畫（interpretative program）之規劃始於製作一本從森林樂區的資源與遊客知性體驗兩方面考量而合成的文件式計畫書（a documentary interpretative plan），終於完成一份執行摘要（executive summary）手冊。

(一)解說計畫的規劃流程

解說計畫之規劃工作可分為七個階段，其中包括以前五個步驟完成含各項解說設施的施工圖說之解說計畫書，後兩步驟則為完成延續性執行工作準則的執行摘要與發包施工、監督驗收、評估改善等工作執行。七個階段的工作流程，條列如下：

1.訂定目標。
2.資料蒐集及資源清查。
3.遊客與視覺資源分析。
4.合成解說方案。
5.釐定計畫書。
6.工作執行。
7.評估與修正（**圖12-14**）。

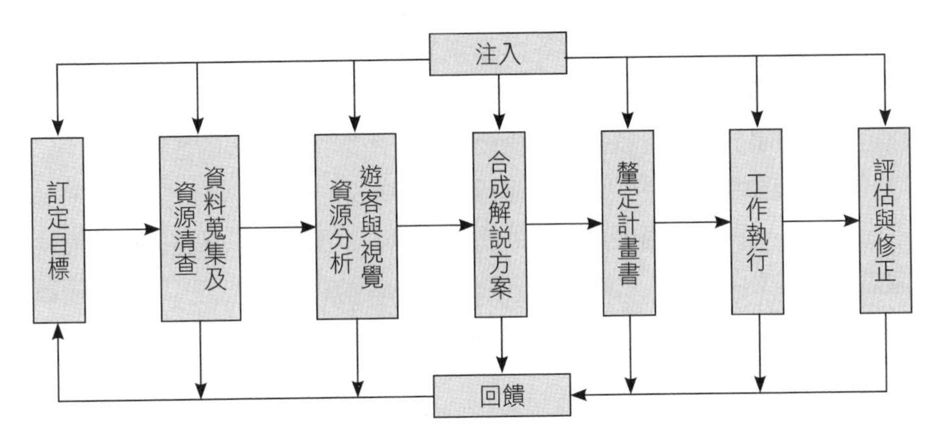

圖12-14 解說計畫的規劃流程

資料來源：Sharpe, W. G. et al. (1994). *Park Management*, p.464.

(二)解說計畫書解說方案的解說服務項目與內容

1.解說服務方案：由「人員與服務」及「非人員與服務」兩部分的項目所組成。

2.解說服務的項目內容：

(1)人員與服務：服務台、專題演講、帶隊活動（conducted activities）與表演展示（living interpretations）。

(2)非人員與服務：以視聽器材播放影片、使用文字類平面媒體、遊客自導式活動、展示與遊客中心。

二、解說計畫之執行

解說是一個管理工具（as a management tool），也可以應用在森林遊樂區四個區塊的管理工作上，分別為：(1)自然資源管理；(2)史蹟與文化據點管理；(3)遊客保護與園區規則執行；(4)維護管理工作。因為工作內容龐雜，所以需要透過規劃手段完成面面俱到的解說計畫，以供管理工作的執行。

規劃計畫書是一本包含各類蒐集自一、二手基礎資料的綱要計畫書，無法鉅細靡遺的據以執行森林遊樂區的解說服務工作，計畫的執行工作需要一份屬於細部計畫的執行摘要手冊，用以按部就班的進行。

執行摘要手冊主要功能是將計畫書中合成的解說方案付諸實現，其程序包括完成摘要項目硬體建物的施工圖說、平面與電子媒體的裝備與軟體製作（**圖12-15**）、人員與服務項目的組織與訓練等工作，以及其後續管理單位總務部門的行政作業（**圖12-16**）。

圖12-15　農委會林務局印製的森林遊樂手冊[4]

圖片來源：作者提供。

[4] 農委會林務局於 2002 年 5 月出版，內容包括「環境解說」實務章節，頁 22-26。

圖12-16　布告欄解說四角亭符合情境

圖片來源：作者提供。

問題與思考

1.森林遊樂區為何需要提供遊客解說服務？

2.解說計畫書與解說計畫執行摘要之區別為何？

3.人員與服務的解說項目有哪些？

4.解說計畫的規劃與執行流程中共有幾個邏輯的步驟？

遊客服務與管理：接待服務

學習重點

- 瞭解森林遊樂區接待管理（hospitality management）的項目與內容
- 建立販賣商店管理（concession management）的概念
- 熟習餐飲作業（food & beverage operations）的方式
- 瞭解遊客住宿提供的旅店營運管理（operations management）

第一節　森林遊樂區接待管理的項目與內容

森林遊樂區內提供的接待服務項目包括販賣商店（concessions）、餐飲與住宿（accommodations）等服務。

一、販賣部／福利站管理

concessions英文一字意味著管理單位特許使用的商營場地，早期台灣的森林遊樂區如同其他的政府機關團體[1]，多以員工福利社方式經營，類似傳統柑仔店（雜貨店），僱用鄰近社區的居民為店員，支領薪資負責販售陳列的雜貨商品。

販賣部的營運方式

遊客中心（visitor center）的販賣部以現代便利商店的管理方式經營，遊樂據點或休憩設施區，輔以自動販賣機（vending machines）作業系統[2]，拜科技進步之賜，已有如扭蛋機台等多元銷售方式進駐，為森林遊樂區帶來了更多營運利潤（**圖13-1**）。販賣部的管理方式一般有二，說明如下：

1.自有自營：以員工合作社方式營運，選出或指派員工代表成立管理委員會，聘僱專職總經理或販賣部經理負責日常營運工作。
2.委外經營：透過公開招標（辦理採購案）方式，委由專業公司行號[3]駐點營運。

---

[1] 學校、軍事單位、鄉鎮市公所等。

[2] 多數採用委外經營，由商家負責此一區塊業務。

[3] 如台灣地區統一、全家、萊爾富、OK 等四大超商。

圖13-1　扭蛋機組合可以販售紀念品

二、餐飲作業管理

(一)餐廳的營運作業方式

森林遊樂區內的餐廳只有接待觀光客市場（tourist market），而城市區的餐廳同時也接待本地市場（local market），單一市場餐食的特色就愈重要，管理必須著重於人員招募與訓練，菜單規劃，美味食物製作要能更有創意，以開發出特別的用餐體驗。

◆餐食計畫

如果森林遊樂區提供住宿服務，餐廳就需要有搭配之餐食計畫（meal plan）服務投宿遊客，可供住宿設施經營者選擇的餐食計畫一般有四種，依據森林遊樂區位址及本身擁有之餐廚設備規模而定，說明如下：

1.歐式計畫（European Plan）：房價中不含餐費。
2.美式計畫（American Plan）：房價中含三餐費用（AP = American Plan: 3 meals per day）。住宿業者如果擁有一間設備齊全的廚房，就可以提供宿客餐食中的美式計畫，而且如果森林遊樂區本身又有許多休憩娛樂設施或活動供遊客享用，則更為適用。

3.半美式計畫（Modified American Plan）：房價中含兩餐費用，早餐（固定）與午餐或晚餐（擇一餐）（MAP = Modified American Plan: 2 meals per day（breakfast and lunch or breakfast and dinner）。位於渡假勝地內的森林遊樂區，如墾丁位於國家公園內，鄰近許多知名景點[4]，前往參訪的一日內遊程與風味餐可供投宿遊客選取，適用本計畫。

4.大陸式計畫（Continental Plan），或稱百慕達式計畫（Bermuda Plan）[5]：房價中含早餐費（CP = Continental Plan: breakfast only）。住宿設施業者，只擁有備膳間或窄小空間的烹飪廚房，適合供應投宿遊客大陸式餐食計畫。

◆歐式計畫

針對歐式計畫，餐廳經營者可同時提供住宿與日遊行程訪客（excursionists）相同菜單，在西式餐飲方面說明如下：

1.早餐套餐：單一價格的客飯（Table d'hote）、單一價格固定菜色的套餐（Prix fixe）。

2.午晚餐套餐：價格、菜色具選擇性的套餐（A la carte）。

◆中式餐飲

在中式餐飲供應方面說明如下：

1.早餐自助餐：混合中式清粥小菜、包子饅頭與西式土司餐包、培根香腸等無限供應。

2.午晚餐桌菜：團客桌菜八菜或十菜一湯與水果，散客4～7人，菜色與價格具選擇性（圖13-2）。

---

[4] 佳樂水、關山、龍鑾潭、貓鼻頭、鵝鑾鼻、風吹沙、南灣等處景點。

[5] 餐點樣色選擇介於大陸式與美式早餐之間。

圖13-2　具選擇性的散客中式桌菜

圖片來源：作者提供。

3.飲料的搭配：四季的酒水在桌菜供應時能活絡氣氛，夏季與啤酒混搭調配[6]的暢飲，均能為餐廳業者帶來龐大收益。

(二)餐廳的管理方式

知名森林遊樂區，如阿里山、墾丁或溪頭可以編制主廚團隊（the chef's department），主廚團隊由行政主廚（executive chef）與廚務人員（kitchen staff）組成，扮演大型豪華渡假飯店住客餐食服務的重要角色，其組織是依照歐式的傳統，包括：掌鍋的主廚與備餐人員，如熱炒廚師（二廚）負責廚房內所有熱炒的項目及調味醬汁的調配、負責麵包糕點的首席廚師（chef-steward）、湯、青菜、蒸、煮、炸師傅（cooks）與專做糕點的師傅（pastry chef or pâtissier）及沙拉冷盤師傅（garde manger）。

一般森林遊樂區則可採用連鎖餐廳的人員編制，由餐飲部經理領軍，菜單規劃及廚房區的備膳作業也採用標準作業格式。

[6] 進口的海尼根啤酒以淡啤（light）重新定位（acol 3.3%）因應台灣在地口味，青島啤酒則添加各樣果汁降低酒精濃度以方便國人暢飲習性，台灣菸酒公司的台啤則因應以多樣化啤酒口味與進口商品競爭。

三、住宿營運管理

(一)住宿設施的營運與接待作業方式

◆住宿設施管理系統

整個住宿設施管理系統（total accommodation management system）共由三個次系統（subsystems of management）組成，統一由總經理室指揮協調：

1.前檯（大廳部門）次系統（front-of-the-house management）。
2.後檯（場）次系統（heart- or back-of-the-house management）。
3.戶外及遊憩次系統（outdoor and recreation management）。

◆前檯部門接待作業

前檯（front desk）是顧客滿意與否之意見回饋資訊的重要來源，前檯部門主要的工作有二：(1)提供對顧客之首度聯繫（initial guest contact）、服務及帳務作業；(2)提供對其他部門所需相關資料之行政作業。

大廳部門包括：訂房組（reservations）、接待組（reception）、財物保管組（concierge）、郵件收發組／服務台（mail and information）、制服人員組（uniformed services）、總機（telephone）及收銀組（cashier）。

大廳部門櫃檯的接待作業如下：

1.接待客人。
2.住宿登記。
3.客房相關服務。
4.住客信件留言服務及鑰匙管控。
5.會計作業，顧客帳務移送至收銀員處，協助執行晚班稽核工作（night audit）。

6.傳送客人服務需要資訊至相關部門。

7.和其他部門協調合作。

8.管理顧客抵達及離去。

大廳櫃檯作業人員通稱接待員（receptionists），基本訓練要求為傳達服務時親切關懷之感受。接待人員在顧客關係方面之課題：

1.不一致之服務品質。

2.禮節的表達及尊榮感的傳送。

3.關鍵時刻個人化之服務。

4.第一線人員在顧客抱怨處理之權限。

大廳部門訂房組之工作目標為建立顧客向心力（loyalty），提高忠誠／常／老顧客之市場比率。在顧客關係的角色：

1.應付客人訂房要求。

2.處理外部訂房系統之操作。

3.收取保管顧客預付之訂金，直到客人到來或取消。

4.操作個人或團體訂房，並通知相關部門。

5.將符合取消訂金規定之客戶訂金歸還並再售這些客房。

6.準備客人之資料卡（guest folios）及登記卡（registration cards），在客人到達之前移轉至大廳櫃檯。

7.保管客人之檔案。

訂房組之工作重點：

1.宣傳及促銷信函提前寄發。

2.聯繫及協調遊憩部門適時舉辦遊憩及娛樂活動。

3.到訪顧客離去後之追蹤聯絡。

4.顧客口頭（oral）及書面（written）之抱怨處理。

訂房組與遊憩部門之協調合作內容：

1.訂房組將遊憩部門規劃之遊憩活動機會第一手訊息提供給客人知道。
2.訂房組將遊憩部門規劃預定提供之新遊憩活動及設施計畫時間表告知客人。
3.訂房組將客戶預定參與之遊憩活動之時程及人數轉達給遊憩部門。
4.與旅遊及交通運輸服務台協調客戶遊程及車輛安排。

(二)住宿設施的管理方式

森林遊樂區內住宿設施的管理方式有二，說明如下：

◆自有自營（government owned and operated）

管理單位具所有權且獨立自主經營，早期多屬此類，或由員工成立福利委員會經營，如太平山森林遊樂區；或由營林區或林場現場工作人員直接經營管理，如台大及中興大學實驗林管理處。

◆委託經營（management contract）

由管理單位與住宿專業經營廠商簽約委託經營，近年來森林遊樂區多循此管理方式讓專業經理人主持此項遊客服務工作，如退輔會的棲蘭與明池兩處森林遊樂區委由力麗集團[7]（Lealea Group），台大溪頭自然教育園區與中興惠蓀林場森林遊樂區的商業住宿設施分別委由太平洋立德旅館事業（Leader Hotel）及榮高育樂（泰雅渡假村）兩家公司營運，效果尚令人滿意，未來公營森林遊樂區的住宿設施管理朝此趨勢發展幾成必然（圖13-3）。

---

[7] 設立力麗明池公司，自2015年起取得退輔會森保處的棲蘭及明池森林遊樂區十年的經營特許權。

圖13-3　力麗哲園酒店集團接手棲蘭明池森林遊樂區住宿

圖片來源：ETtoday新聞雲。

第二節　餐飲住宿商品與服務管理

國家森林遊樂區雖屬公營事業組織，但處在現代工商文明社會，民眾消費意識抬頭，故管理單位在餐飲住宿方面的提供，亦已強調服務品質的提升，一般採用多管其下方式逐步改善商品與服務內容，包括將餐旅服務課程納入員工在職訓練中[8]，與所在地區的大專院校觀光餐旅學系簽訂建教合作方案[9]及以管理合約（management contract）型態委託專業旅館業者負責營運管理。

餐飲住宿商品與服務管理的業務是森林遊樂區供給面的一環，就像在山區渡假勝地內的旅館一樣，與遊樂據點及區內道路運輸組合成套裝商品，住宿遊客需要的是全方位服務（full service），包括兒童與青少年遊戲、銀髮族休閒、家庭室內與戶外遊樂及夜間娛樂活動的提供。

其他住宿設施管理者需要注意有關服務品質的關鍵因素有：

---

[8] 林務局新竹林區管理處在李桃生處長任內實施。

[9] 林務局羅東林管處太平山森林遊樂區在林鴻忠處長任內開始實施。

一、一線員工關鍵時刻的服務

對一線員工進行有效授權，才能有效率地執行遊客服務管理工作，授權的精義在於主管雖不贊同下屬的決定，但仍全力支持其所做的決定。一般服務業會有兩種授權選擇，制度授權與彈性授權，說明如下：

(一)制度授權

由公司行號自行制定內部管理規定，依照員工職位賦予一定權限，通常隨員工的位階逐漸提升其執行之權力，故常會產生第一線員工需要進一步向上級主管請示的情形，遇到關鍵時刻（the moment of truth），有時會延宕不決，增加遊客的等待時間。

(二)彈性授權

給予一線員工較大權限，信任其才幹和能力，可以較快速解決遊客的問題與需要，但有時會引發出更多的麻煩，增加工作處理的難度與繁複程度。

二、一線員工不一致的服務

不一致的服務就是每一位遊客感受到的接待服務品質是不同等級的，因為服務人員的態度與專業知能有別，有的員工個性開朗，主動積極，與客人友善親切如沐春風之感；有的員工個性保守，不擅於詞令，與客人有冷冰冰的疏離感，客人覺得服務人員大小眼，感受不佳，所以很多企業現在已不追求最佳員工的獎勵，改以制定友善有禮的標準作業程序，讓每一個服務員工在訓練[10]後提供所有遊客一致性的服務。

---

[10]包括新進與在職員工訓練。

三、注意服務細節

(一)服務順序

遵守先後的顧客服務順序、老殘弱勢優先及現場優於遠端客服的基本原則。

(二)服務悉心

森林遊樂區的遊客各有不同之作息時間，對於其特殊要求盡可能給予悉心安排，如集中早起觀賞日出社群的餐飲住宿區，針對據點遊樂提供諮詢及告知安全注意事項。

第三節　休養與療癒遊樂市場行銷

「森林療法」起源於德國。人和森林有一種天然親和感，森林裡的溪流和植物光合作用可釋放大量負離子，森林中高濃度的負氧離子可起到調節中樞神經、降低血壓、促進內分泌功能等作用，而植物芬多精可以殺死細菌和真菌，提高人體免疫力。亞洲的日本與南韓兩個國家，在社會福利方面非常重視休養與療癒遊樂（therapeutic recreation）國民健康這個區塊，日本健康開發財團常務理事，研究調查部長岩崎輝雄著有《森林的健康學》一書，介紹森林保健療養各項設施及其正確的做法，並說明森林浴有益身心健康的科學根據，日本在此區塊之商務謂之「療癒之森」或「回復之森」[11]，共臚列了三十七種保健活動用以改善精神疾病患者的症狀；「森林療法」在南韓被稱為「提升森林休養」，在台灣被稱為「提升森林調養」，都是利用經過認證的森林環境和森林產品，在森林中開展森林安息、散步等，實現增進身心健康、預防和治療疾病目標的替代療法。濟州島（道）就開發了很多的步道，如「四連伊林蔭道」、「濟州寺

---

[11] 台灣翻譯成「樂活之森」。

水自然休養林」與「多羅非岳」，其中有夢幻森林、芬多精散步小徑以及小火山地形景觀，提供森林休養用。

在現代高度工商文明社會，民眾聚居在都會地區有如生活在水泥叢林中，身心壓力均大於過往，導致罹患憂鬱症或神經衰弱等文明病，常連帶困擾許多家庭，身體健康與生存環境永續的生活型態變成發展經濟社會的追求目標。參考日本、德國、南韓及中國大陸近來對森林療癒之發展，台灣地區之國家森林遊樂區實可以充分發揮森林環境效益，提升國民健康與對森林的認識，同時獲得帶動地方產業發展之好處[12]。

台灣大學溪頭森林生態教育園區近年受「橫躺族群」[13]的困擾，這群遊客擺脫昔日涼亭、步道長板凳特定位置束縛，不受台大實驗林管處警告牌「請勿躺臥」約束，民眾特別開車上山睡覺，而且直接席地而睡，引起其他入園遊客側目；主管單位台大實驗林管處目前先採用柔性勸導，希望民眾自律，不要影響其他遊客。園區工作人員在顧慮觀瞻之餘，針對不聽勸阻民眾，其實也莫可奈何，只能避免口角衝突，愛心叮嚀「被子要蓋暖和一點！」、「別著涼喔！」（**圖13-4**）。

圖13-4　溪頭森林生態教育園區的「橫躺族」

圖片來源：中時電子報。

---

[12] 日本前首相安倍晉三「安倍經濟學」中之地方創生。

[13] 多為年齡65歲以上，享有門票優惠之退休族群。

面對外界負面批評聲浪，溪頭「橫躺族群」也有話說，指銀髮族出遊需要地方休息，如果溪頭能設休息區，就算要付費他們也願意，既能不破壞溪頭自然景觀，也不至於走到太勞累。由供需雙方意見顯示，在園區內劃分休養保健區域收取等值費用是衝突管理之道。

國家森林遊樂區的接待管理面臨保健與療癒新興商務，所以規劃森林保健專區並與餐旅、醫療健身項目重新組合做商品定位是必然趨勢。遊樂區住宿設施歸類於渡假旅館，離峰期的住房率有賴老顧客市場維繫，所以將20%的客房預售安排在森林療癒市場，有助於外包業者之獲利提升。

國家森林遊樂區管理單位面對生態旅遊、樂活保健與林業文化等多元市場，行銷與促銷益顯重要，採用行銷大師菲利浦．科特勒（Philip Kotler）的「STP行銷模式」[14]不斷在市場創新遊樂商品，在旅遊離峰期間舉辦林業文化促銷活動以分散尖峰期的遊客擁擠情況，是改善整體遊樂體驗品質的可行之道。

問題與思考

1.森林遊樂區接待管理的項目包括哪些？
2.管理單位對販賣商店之管理方式有哪些？
3.森林遊樂區內住宿設施管理未來發展趨勢為何？
4.森林遊樂區行銷與促銷益顯重要，原因為何？

[14] 又稱目標行銷，針對新興區隔市場，瞄準其需求內容，將產品重新定位組合。

遊客管理：降低遊樂使用衝突

學習重點

- 知道森林遊樂區內之不同遊樂使用者（不相容活動）間引發衝突（conflicts）及爭議之處（controversies）
- 認識釐定解決遊客使用衝突之策略與戰術
- 瞭解應該如何降低森林遊樂區之遊客使用衝突
- 熟習降低使用衝突（minimize conflicts）管理對策（management practices）之運用

第一節　遊客使用衝突之概述

一、遊客使用衝突

森林遊樂區為自然資源導向（resources-oriented）的遊樂場域，在保育前提下劃分區塊（zones）提供多樣化遊樂活動，但是或因體驗空間有限，或因假日大量遊客的湧入，常造成遊客之間的遊樂使用衝突，遊客的使用衝突影響遊樂體驗的品質，爭議之處更常造成紛亂與抱怨事件，遊樂活動產生衝突的主因有二：

1.自然或人文資源在做遊樂活動使用時，因空間供給不足而造成遊客競用資源（resources competition）的情況。
2.區塊內遊客群體在同時間因為進行不相容（incompatible uses）的遊樂活動使用而產生彼此間互相干擾（disturbs）之情況。

二、衝突管理的概念

針對遊客之間遊樂使用的衝突問題找出解決對策（management practices）降低爭議，對策為策略（strategies）與策術（tactics）組合而成的執行方案（alternatives），並以具體行動（actions）化解遊客彼此之間的干擾與對立爭議。

三、降低遊樂使用衝突之管理對策與行動方案

森林遊樂區可供採取之管理對策與行動方案的內容，詳述如下：

1.增加遊樂供給：增加遊樂空間或使用時間。
2.劃分區域及劃分時段：區隔不同遊樂使用專屬空間區塊，或以時段分隔開不同遊樂的活動。

圖14-1　森林遊樂步道限制機動車輛遊客的使用

圖片來源：作者提供。

3.限制遊客的使用：基於承載量（carrying capacity），限制遊客的使用數量或遊樂的時間與形式（**圖14-1**）。

第二節　森林遊樂區遊客使用衝突之類型

一、機動越野車使用者與非四輪使用者

1.越野車（off-road vehicles）包括沙丘四驅車（dune buggies）、摩托車（motorcycles）、機動雪車（snowmobiles）等任何可越野行駛的機動車輛（motorized land vehicle capable of travel in areas without roads）。

2.幾乎所有衝突皆來自於騎乘機動車與未使用機動車遊客群之間所產生的，機動車使用者彼此間鮮少不合，除了兩輪與四輪族群間偶而

會有些衝突。

3.對這些騎士來說，衍生的抱怨包括驚嚇野生動物、驅散牛群、製造太多噪音及危險狀況（騎士）、毀滅植生、損壞道路、亂丟垃圾及入侵其他遊樂者活動領域。雖然有些指控言過其實，但不容置疑的是他們確實帶來許多管理問題，且大多數遊客難能接受在森林遊樂區內使用機動四驅車。年輕的摩托車騎士常常做出危險駕駛的動作，因為在叢林道路上，機動車騎士從危險環境中得到挑戰的樂趣可以滿足其參與極限運動類的快感，但森林遊樂區管理人員必須在快感體驗與受傷風險間取得平衡，就是減少驚險程度。

4.機動越野車常四處亂竄，奔馳在非屬其專用的場地，森林遊樂區管理單位常缺乏執法權、經費及人力，實在難以克服這些機動車輛胡亂使用之問題。

5.越野機動車開放政策應在林地允許生態改變的管理目標下提供有限度的使用。理想上，越野機動車專區或專用道路應設置在對自然環境及其他遊客與地方居民影響最少的地點（**圖14-2**）。

圖14-2　設置越野機動車專區或道路

圖片來源：作者提供。

二、原始型情境愛好者與現代文明情境愛好者

1.介於原始情境（primitive recreation）與現代文明情境（developed recreation）間衝突是存在於已經劃定土地區給自然保留（nature preservation）或分散使用（dispersed recreation）區內之遊樂使用。在集中使用場域內，不存在此種遊客使用衝突。遠離人群之原野地的原始情境使用型態，較少引起爭議。

2.使用衝突爭議點集中在是否要改善可及性（便捷道路），讓未開發之處（林地）保持原始使用方法及環境。

3.分散使用區之易到達性，意味著失去孤寂感及原始自然情況，也就是無法排除大眾型的遊樂活動。將現代化露營地設置在森林邊緣，而原始型遊樂據點設在森林深處，讓露營客有更寬廣的遊樂選擇機會。

4.在美國有法定設置原始型遊樂的原野區（wildness），因為能避免開發，更能保存自然現況。

5.分離原始與現代兩型態的遊樂使用，有助於降低彼此間衝突，是管理哲學，能減少國家公園區的遊樂壓力。某些更偏遠的地區，如台灣海拔3,000公尺以上的百岳高峰，則可以不建設施，某些則可以建置含有過夜庇護設施的步道系統，某些則可建含有現代簡單旅店過夜設施的步道系統。

6.一些重要的神奇景觀區（神木或峽谷）與自然景點，其對外聯絡通道也可藉控管大眾運輸工具限制遊客的強度使用，如空中纜車、齒軌鐵道（cog rail）登山車與接駁轉運巴士。如此，可滿足一般遊客大眾想窺視原始區參與享樂的好奇心，但又不致造成對自然生態重大衝擊（圖14-3）。

圖14-3 森林原始情境與現代化使用間衝突

圖片來源：作者提供。

三、水域區（water-based recreation）之動力船舶與人力船舶使用者

1.產生遊樂活動衝突之處在於操作風帆船（wind surfers）、私人船隻、滑水（water-skiers）機動小艇的遊客活動與獨木舟（canoeing）、溪漂（river floating）、釣客及泳客間不相容的遊樂使用。

2.摩托船隻（motorboats）製造噪音，激起的波浪沖蝕湖岸之邊坡，引擎油汙水面，干擾釣魚小船及泳客活動。摩托船隻的推進器會造成泳客受傷，溢出的水面浮油也對游泳遊客身體有害。泳客，包括浮潛遊客及水肺潛水者（snorkelers and scuba divers）都需要安全不受機動船隻威脅的水域遊樂環境。

3.參與森林區水域遊樂的遊客人數因為太多了，所以彼此間衝突不斷，在水域劃分不同使用帶供遊客分區使用，是最好化解之道。可依照船隻大小、機動（馬）力、遊樂空間與時間劃分（**圖14-4**）。

圖14-4　在水域劃分不同使用帶

圖片來源：Sharpe (1994). *A Comprehensive Introduction to Park Management*, p.383.

4.在同一水域帶，同一日，但在不同使用時間，可供釣客與滑水客從事其喜愛活動。大馬力引擎的船隻滑水活動與他種船舶活動，可用限制速度規範或不建造下水坡道以防小船進入。

5.解說的目的在保障各項遊樂活動使用者之間的和平及保護水資源免受汙染，很有效果。

四、遊樂步道之快速移動（滾輪族群）及慢速移動（步行族群）活動使用者

在城市中，社區住宅之間的聯絡道路為保護行人安全，避免交通事故，街道會分隔出車道與人行道。慢跑或健（長）跑者在街道上只能選擇車道或人行道交互使用，鋪面硬，雖不喜歡也只能接受。有些人則使用學校或體育館／場的田競跑道。

森林情境中跑步舒適環境讓人更愛。森林遊樂區的小路上，如果腳踏車騎士、溜冰輪者、溜滑板車者、慢跑者及行人，甚至開車者以不同的速度前進，當以上六類遊憩道路使用者同時出現在同一路線上時，就會產生使用衝突。

(一)衝突爭議點

腳踏車騎士與滑板客有時也會出現在街頭與人行道，雖然當初設計的使用者並不包括他們。專供車輪族、長跑族與步行族使用的道路已經在許多地區設置，雖然排除了車輛，但不幸的是，仍無法解決所有爭議問題，在台灣也是，人行道上設置腳踏車共用道，但禮讓標識闕如，常釀爭議，有時輪椅族也加入，這些使用者之間彼此有時仍會起衝突（**圖14-5**）。

(二)減低衝突之方法

1.美國西岸的華盛頓州西雅圖的綠湖公園（Green Lake Park）有條環狀（湖）鋪設道路，同時供行人、滑板（含冰輪、冰刀、滑板三類）使用者及腳踏車騎士使用。

2.環湖道共5公里長，3公尺寬，是條遊客大量使用的遊樂道路設施。

圖14-5　遊憩小路使用者在同一路線上常會產生衝突

圖片來源：作者提供。

圖14-6　減低遊樂使用衝突的方法

圖片來源：綠湖公園管理處官方網站。

3.管理單位在這條瀝青鋪設的道路中間畫了一條白線，內側地面噴上步行的圖案，外側地面噴上腳踏車及滑板的圖案。

4.管理單位並在路旁樹立步道使用圖案說明，外側車道的使用限制為逆時針方向前進且只能單向以每小時16公里速度行進。

5.限制慢跑及步行者順時針方向前進，導致他們走在草地上或跑在貼近瀝青路邊（**圖14-6**）。

第三節　降低遊客遊樂活動衝突的概念與實例

一、降低遊客遊樂活動衝突的概念

(一)衝突管理的概念

1.森林遊樂區管理單位應用解決問題（problem-solving）的方法降低遊客群體間的遊樂衝突。

2.管理單位針對問題需要先釐定衝突管理對策（management practices），基於此具體對策再發展行動方案（alternatives & actions）以供業務單位執行。

3.管理對策為策略與策術組合的矩陣（matrix）。

管理對策包括兩個層面的組合，高位階的觀念性指導方針為管理策略（management strategies），於其下位的則為管理策術（management tactics），用以組合成業務單位可以具體實施的改善措施或行動（measures or actions）（**圖14-7**）。

(二)釐定降低衝突對策之程序

森林遊樂區經營管理單位在釐定降低遊客群體的遊樂使用衝突對策時，可用之程序（process）共分五個具體步驟（**圖14-8**）。

釐定降低衝突對策之程序是應用解決問題的方法為一個具體且可供長期實施的衝突管理程序。

1.設定中間目標：化解衝突現況。

2.修正長期目標：避免新生衝突。

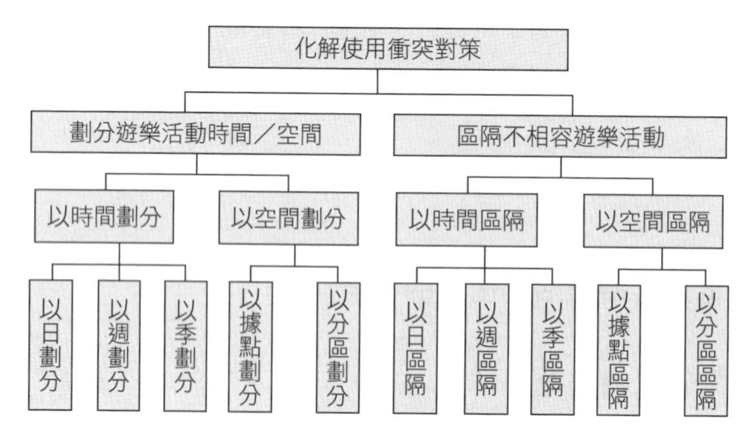

圖14-7　化解使用衝突對策矩陣

資料來源：作者繪製。

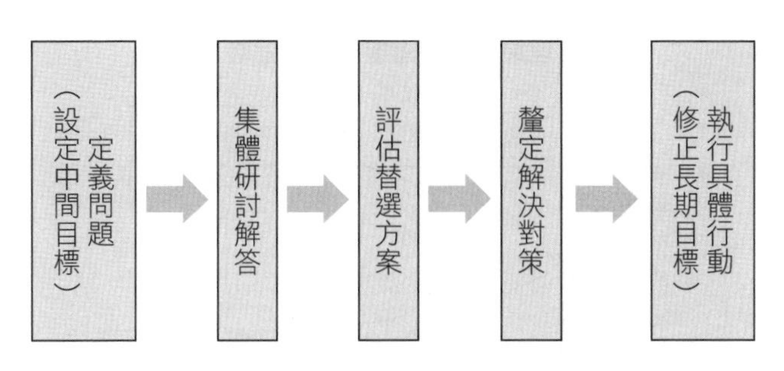

圖14-8　釐定降低衝突對策之程序

資料來源：作者繪製。

(三)管理對策的策略與策術組合

◆管理策略

為觀念性的指導方針（guidelines），包括：

1.增加供給（空間及時間）。
2.劃分區域及劃分時段。
3.限制遊客的使用（限制遊客數量或遊憩時間及形式）。

◆管理策術

森林遊樂區的管理單位針對遊客群體的遊樂衝突所採取的改善行動或措施（actions/ measures）。所有行動與措施皆基於直接或間接的管理策術（direct or indirect management tactics），而這些管理策術可以直接或間接的影響遊客的行為，從而達到管理單位所設定的中間目標（**圖14-9**）。

1.直接管理策術：森林遊樂區管理單位可以應用直接影響並改變遊客行為的管理策術包括：罰鍰、嚴密監督、劃分不相容衝突性遊樂活動帶、以時間來劃分不同遊樂活動、對某些露營地訂定使用限度規定、輪替使用道路／營地／出入口、預約制度、規（指）定團體露營的營地及旅遊路線、在出入口規定遊樂使用限度、制訂遊樂團體的大小及交通工具的數量與速限的規定、限制遊客必須在經過規劃

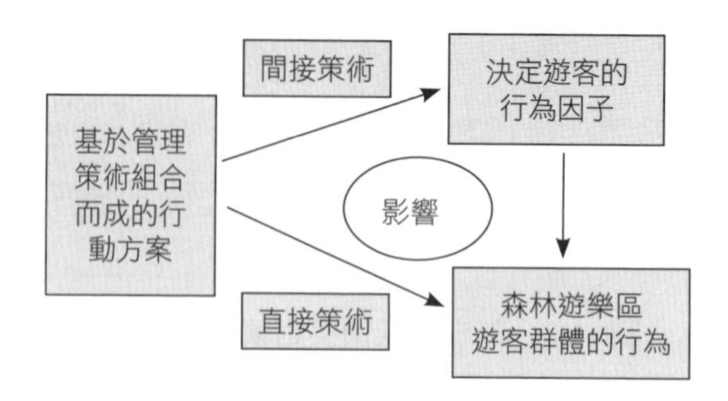

圖14-9　直接與間接管理策術影響遊客行為的途徑

設計的營地露營、制定遊樂活動的時間長短規定、禁止森林遊樂區內架灶升火與釣魚狩獵。

2.間接管理策術：森林遊樂區管理單位可以應用間接影響決定遊客行為的策術因子，包括改善或不改善森林遊樂區的聯外道路狀況、改變或不改變魚類或野生動物類的族群、宣傳據點特色、標示出森林遊樂區的遊樂機會序列（ROS）、基本生態觀念解說、提供低度遊樂使用區及一般遊樂活動型式的資訊、收取合理門票、依季節與活動地區及使用道路的不同執行差額收費、要求遊客在享受某些特殊遊樂活動前先具備生態知識或活動技術的證明、獎勵遊客帶回自己的垃圾。

二、減低遊客群體的遊樂活動衝突的演變實例

(一)環湖道路遊樂活動之使用演變

美國華盛頓州西雅圖的綠湖公園有條環狀鋪設道路同時供行人、滑板（包含直排輪、冰刀、滑板三類）及腳踏車騎士使用。環湖道路5公里長，3公尺寬，是條大量使用的遊憩道路設施。這條瀝青鋪設的道路中間畫了一條白線，內側地面噴上步行圖案，外側地面噴上腳踏車及滑板圖

案。外側車道的使用限制為逆時針方向前進且只能單向以每小時16公里速度行進。限制慢跑及步行者必須順時針方向前進，導致他們走在草地上或跑在貼近瀝青路邊。

依據綠湖社區活動中心（Green Lake Community Center）資深督導柯瑪利（Mary Koch）所述：在每增加一個新的遊樂使用後都會引發出一種意外事故與抱怨的類型。這通常是隨著衝突減少後產生，意味每一類遊樂使用群體都要做一部分調整。

最早，這條環湖道路是一群閒逛族群在使用，多了腳踏車騎士加入後，他們反對，理由是破壞了道路安寧的情境。後來這些陸續加入的使用者，只有慢跑群體是可以相容其中。

晚近，溜冰鞋、滑板、直排輪與慢跑族等壓迫推娃娃車一族，引起一些意外事故與抱怨的混亂，這些「疾行者」，也包括管理處的高階主管，都遭到了口筆的撻伐。

1991年間，有許多現場的調查報告都揭示出遊樂使用衝突在增加中，大概有40%的步行遊客並未依照指示，走在設計好的方向。這種情況直到了1993年，管理單位舉辦了一系列的公共會議（public meetings），決定採用更正向的標示與增加區分路線，時間會證明這種解決衝突的措施是否有效（**圖14-10至圖14-12**）。

即使分隔開了這些使用者，衝突仍然存在，包括：

1.腳踏車騎士、行人、慢跑群體占用錯了使用道。
2.腳踏車騎士走錯了方向。
3.腳踏車騎士超過了規定速限。
4.部分活動團體霸占了整個通道線，妨礙其他人的前進。
5.牽狗的遊客放任狗前前後後跑動，甚至放開牽繩任由寵物亂竄。
6.有些遊客，尤其是小孩，進出遊樂道路前並未先停、看、聽，注意安全。
7.腳踏車新手搖晃前進或突然將車停下。

8.當遊客多前行速度慢的時候，腳踏車騎士與慢跑者會穿梭於人龍中。

圖14-10　綠湖公園環湖道路的使用說明布告欄

圖片來源：作者提供。

圖14-11　綠湖公園環湖道路的使用標示牌

圖片來源：作者提供。

圖14-12　綠湖公園的環湖道路使用現況

圖片來源：作者提供。

(二)遊樂腳踏車道之使用規則演變

地點在美國佛羅里達州的一座城鎮——長船礁小島（Longboat Key）上一條16公里長的遊樂用腳踏車道（**圖14-13**）。

為了要更確保適當的使用與控管，管理單位調整了一些遊樂使用規則，內容如下：

1.腳踏車騎士應該遵守小心、禮節與一般常識的基本原則。
2.遊樂道路僅供輪族、行人群、慢跑族與嬰兒車等的使用。
3.機車、拖曳載具（mopeds）、高爾夫車（golf carts）或任何其他機動車具都禁止在腳踏車道上使用。
4.腳踏車騎士必須要注意到速限每小時24公里的標誌牌。
5.腳踏車騎士必須要有警示喇叭或鈴及一個照後鏡。
6.夜間時，腳踏車必須配備前燈照明與車尾反射（光）配件。
7.遊樂使用道路上，腳踏車不可拖拉其他的交通載具（vehicles）。

圖14-13　遊樂用腳踏車道禁止機動車具的使用

圖片來源：長船礁管理處官方網站。

8.行人在穿越遊樂使用道路時，要小心注意。

9.遊樂道路使用者，在交會區（intersections）要降慢速度。

10.腳踏車在通過汽車停車場時，須用牽行方式。

11.任何交通載具都不可停靠在遊樂道路上。

12.腳踏車禁止雙載，只能單人使用，除非是已特別設計的雙人或多人腳踏車。

問題與討論

1.遊客群體間遊樂活動的使用衝突常起爭議，肇因為何？

2.遊客使用衝突管理的概念為何？

3.管理單位應如何釐定解決爭議問題的管理對策？

4.什麼是直接與間接的管理策術？

附　錄

台灣地區國家級森林遊樂區景點鑑賞要素

一、行政院農業委員會林務局

18個國家森林遊樂區：

(一)太平山森林遊樂區

◆景色概述／全景景觀

太平山位於台灣島東北部的宜蘭縣大同鄉，屬於中央山脈北端，區內空氣潮濕，雨量豐沛，因而孕育了多樣的生物，共有植物443種、哺乳類動物18種、鳥類81種、蝴蝶69種。本區景觀優美，以生產紅檜、扁柏[1]著稱，為昔日三大林場[2]之一，伐木跡地留下的索道、台車、集材機等均令人緬懷遐思。

◆焦點景觀

仁澤之地熱溫泉又稱「鳩之澤溫泉」[3]，原名仁澤溫泉，位於土場溪畔，海拔約520公尺。水質無色無臭，洗後有滑膩感，附近的林間步道可享受森林浴兼賞鳥。

◆特徵景觀

天然紅與黃檜木林。

◆封閉型景觀

氣象萬千的翠峰湖，是台灣最大的高山湖泊，海拔1,850公尺，呈葫蘆狀，舊名「晴峰湖」，有「薄霧中的少女」之稱。

◆瞬間景觀

山巒間不時湧現的雲海與清晨火紅躍起的日出。

---

[1] 扁柏又稱台灣黃檜，台灣特產與紅檜並列兩大珍貴檜木，心材淡黃褐色，有辣味，材質絕佳，適合製作傢具。

[2] 台灣早期林業生產原木的三大林場為北部太平山、中部八仙山與南部阿里山林場。

[3] 鳩之澤，舊名燒水，即地熱溫泉之意。

(二)滿月圓森林遊樂區

◆景色概述／全景景觀

滿月圓位於三峽大豹溪上游，區域內外有雲森、拉卡、銀濂、小妮、妙音等瀑布，與南投縣太極峽谷同享盛名。本區為攀登北插天山起點，北插天山（塔開山）有珍稀植物台灣山毛櫸、台灣一葉蘭[4]、紅星杜鵑與檜木巨木群，本區接壤知名的插天山自然保護區。

◆焦點景觀

處女瀑布為水簾式的硬岩瀑布，即使在3月枯水期來水量仍然充沛，瀑布形狀與氣勢壯觀，每年11月周邊樹葉轉紅時，更是如此。滿月圓瀑布階段式流水，水幕層層，極為清幽。

◆特徵景觀

滿月狀的山形，在充滿陰離子與芬多精的沿溪林間小徑踏青，常可邊走邊欣賞此視覺特徵。

◆封閉型景觀

滿月園步道沿途大多在林間行走，封閉空間的感覺讓森林情境更加幽靜翠綠。

◆瞬間景觀

漫天飛舞的蝴蝶分布於蚋仔溪河床沿線。

(三)內洞森林遊樂區

◆景色概述／全景景觀

位於新北市烏來區信賢里，昔日稱為「娃娃谷[5]」。南勢溪水系貫穿

---

[4] 又名台灣獨蒜蘭、台灣慈姑蘭，是生存於中高海拔地區的台灣原生種，是樹蘭亞科一葉蘭屬下的一個種。

[5] 在春夏時節，山谷常有樹蛙鳴叫求偶， 叫聲「哇…哇…」不絕於耳，故稱為「蛙蛙谷」，後來逐漸變成了「娃娃谷」。

全境，溪谷兩岸山峰高聳，管理單位提供露營、烤肉、釣魚、賞鳥、戲水、登山、森林浴等遊樂活動。

◆焦點景觀

信賢瀑布，又名內洞瀑布。

◆特徵景觀

溪岸岩壁陡立山水相映，原始闊葉樹林與柳杉[6]人工純林間雜於山壁，蒼鬱茂盛，形成林海景觀。

◆封閉型景觀

南勢溪和內洞溪的河川生態為兩側山谷由原始闊葉森林與人工柳杉純林所共構而成，形成溪床空間封閉的視覺感受。

◆瞬間景觀

台灣紫嘯鶇、台灣藍鵲[7]等特有種鳥類常不時的出沒於林間。

(四)東眼山森林遊樂區

◆景色概述／全景景觀

位於桃園市復興區霞雲里，屬於雪山山脈的尾端，海拔高1,212公尺，距離大溪市區約一小時的車程，為台灣早期的伐木林場，目前仍保留有伐木作業的集材木馬[8]、集材機索道、培育苗木的苗圃、木炭窯與造林紀念石等林業遺跡。

◆焦點景觀

場域內約300公頃的柳杉樹海。

---

[6] 係由日本引入，現已成海拔 800 ～ 2,200 公尺地區之重要造林樹種，是導致花粉症廣泛出現的主要原因。

[7] 台灣藍鵲全長約 64 公分，特有的華麗長尾占全身將近三分之二的長度。

[8] 即木滑道，原木以木馬拖拉至「木流籠」下放，屬於人力集材作業。

◆特徵景觀

從阿姆坪[9]遠眺東眼山，山形勾勒出的天際線近似躺著的少女以她的大眼睛向東而望。

◆封閉型景觀

東滿步道（從東眼山連接到滿月圓森林遊樂區間的林蔭步道）。

◆瞬間景觀

午後時光雲霧湧現，常會形成奔騰雲海，其他尚有雨後乍現的彩虹，偶遇的綠繡眼、畫眉、五色鳥常出沒於林間。

(五)觀霧森林遊樂區

◆景色概述／全景景觀

觀霧位於新竹縣五峰鄉與苗栗縣泰安鄉交界，境內經常瀰漫雲海、霧氣，故又稱為「雲的故鄉」。觀霧國家森林遊樂區的海拔高度介於1,500～2,500公尺之間，地形起伏大，屬於中央山脈西翼地質區之「雪山山脈帶地質」，主要是由硬頁岩、板岩及變質砂岩為主的大桶山層與乾溝層所構成。園區內榛山（標高2,489公尺）是最主要的地標，而由於榛山山頂地勢高，視野開闊，是眺望聖稜線[10]的絕佳地點。

◆焦點景觀

本區場域內擁有不同姿態與特色的八仙瀑布、榛山瀑布、觀霧瀑布、東線瀑布等皆令人駐足流連。

◆特徵景觀

可以遠眺有世紀奇峰「大霸尖山」之樂山林道。二千多歲的檜山神

---

9 閩南語稱作「鴨母坪」，位於石門水庫中游右岸，屬大漢溪河階台地，相傳先民呂阿姆到此開墾時養了一群鴨子，因而得名。

10 聖稜線是由伊澤山、大霸尖山、小霸尖山到雪山之間的主脊連峰，是雪霸國家公園內從大霸尖山至雪山連峰間高峻的雪山山脈山稜線。

木、巨木林。

◆封閉型景觀

林木參天的榛山森林浴步道，漫步其間，涼爽宜人。

◆瞬間景觀

忽遠忽近、飄浮不定的雲海、光彩奪目的日出、山嵐迷霧及夕陽無限好的晚霞。

(六)大雪山森林遊樂區

◆景色概述／全景景觀

原名鞍馬山森林遊樂區，位於台中市和平區，以東勢林管處鞍馬山工作站一帶為中心據點。本區包含暖、溫、寒三帶植物的變化，森林及鳥類種類繁多，是大自然研究人員最佳的研究園地。全區共有八景，包括雪山、神木、小雪山天池[11]、稍來山瞭望台、原始森林、森林浴步道、森林苗圃、雲海與夕陽等。

◆焦點景觀

紅檜神木、六角涼亭、森林迷宮[12]等。

◆特徵景觀

層狀山峯、玉山突出雲表之上。

◆封閉型景觀

屬於高山湖泊的小雪山天池。

[11] 位於小雪山南稜，大雪山林道49K處，海拔高約2,600公尺，面積約0.4公頃，是一座小型的高山湖泊。

[12] 東勢林管處於西元1992年在小雪山以原木建造的迷宮，占地2,500平方公尺，海拔2,300公尺左右，是國內海拔最高的森林迷宮。

◆瞬間景觀

台灣藍鵲、藍腹鷴、帝雉、紫嘯鶇、深山竹雞、紋翼畫眉、金翼畫眉、冠羽畫眉等特有種鳥類常出沒於林間，一閃而逝。還有向晚的雲海、穿梭林道間的山羌均令遊客驚艷。

(七)八仙山森林遊樂區

◆景色概述／全景景觀

八仙山跨越台中市與南投縣境，在中央山脈自成一系，登高可眺望玉山、能高山、奇萊山等峯，連綿不絕。植物分布包括暖、溫、寒帶森林，為台灣林業經濟時期三大林場之一。年均溫14℃，是絕佳避暑勝地，山麓的十文溪河谷「佳保台」河階台地[13]，適合露營、戲水、登山、健行等遊樂活動。

◆焦點景觀

綠油油的孟宗竹林隨清風搖曳生姿，令人心曠神怡。

◆特徵景觀

日式神社、入口收費站與自然教育中心等場域內的建物塑造出地區特色意象。

◆封閉型景觀

生態池。

◆瞬間景觀

在竹林裡悠閒漫步的台灣藍腹鷴，偶而振翅高飛，穿梭於林間。

---

[13]佳保溪匯入十文溪處的沖積台地，台灣八景之一。

(八)合歡山森林遊樂區

◆景色概述／全景景觀

合歡山為台灣唯一的滑雪勝地，海拔3,416公尺，位於東西橫貫公路霧社線中段，山岩陡峭，景色壯麗。本區東有中央山脈連綿環繞，西北為雪山山脈綿延的聖稜線，南可眺望玉山群峰，四顧崇山峻嶺，氣勢磅礴。冬季低溫寒冷積雪盈尺，粉妝玉琢，一片白雪皚皚，本區是台灣第一座國家森林遊樂區。

◆焦點景觀

合歡山東峰緩坡草生地200餘公頃滑雪場。

◆特徵景觀

春季盛開的高山杜鵑、玉山箭竹草原、冷杉與鐵杉林與合歡群峰[14]。

◆瞬間景觀

雲海景觀。

(九)武陵森林遊樂區

◆景色概述／全景景觀

武陵位於台中市和平區，位於大甲溪上游七家灣溪沿岸兩側，屬雪山山脈系統，標高1,780公尺，周圍環繞著山勢峻拔的桃山群山。七家灣溪縣亙全境，溪水乾淨清澈，孕育了國寶魚「櫻花鉤吻鮭」（台灣鱒），年平均溫度16°C，山明水秀，適宜從事登山、森林浴、渡假等遊樂活動。

---

[14] 由七座山所串連，主峰3,416公尺、東峰3,421公尺、北峰3,422公尺、西峰3,144公尺、石門山3,236公尺、合歡尖山3,217公尺、石門北峰3,278公尺。

◆焦點景觀

桃山[15]主峰下豐水期美麗壯觀的桃山瀑布，又名為「煙聲瀑布」[16]。

◆特徵景觀

白木林、峭壁斷崖、冰斗等。

◆封閉型景觀

七家灣溪沿岸兩側，桃山步道。

◆瞬間景觀

酒紅朱雀、鷦鷯、灰鷽、大赤啄木鳥及金翼白眉等經常現身於武陵吊橋至桃山瀑布間。

(十)奧萬大森林遊樂區

◆景色概述／全景景觀

奧萬大位處南投縣仁愛鄉萬大村，原為泰雅族及賽德克族部落聚居處，在萬大南溪與北溪交會處，也是台灣電力公司萬大發電廠[17]的進水口，奧萬大為峽谷地形，海拔1,520公尺，谷中有溫泉，緊鄰千卓萬山塊，東側為能高安東軍群峰[18]，是全台灣最具知名度的賞楓景點之一，有「楓葉故鄉」之稱號。

◆焦點景觀

春天櫻花與每年初冬楓紅層層的奧萬大楓香純林，楓紅遍野勝過其他的賞楓勝地，如馬拉邦山、北橫、紅香溫泉、北大武山等。

---

[15]處於武陵農場北方，屬雪山山脈，海拔高度3,325公尺，為武陵四秀、台灣百岳之一。

[16]為一隱瀑，存在於豐水期。

[17]日據時代即開始進行水力發電建設。

[18]台灣高山湖泊最密集的縱走路線，行走在山路上，常常一邊是花蓮縣，一邊是南投縣。

◆特徵景觀

奧萬大天梯。

◆封閉型景觀

萬大水庫。

◆瞬間景觀

5月有螢火蟲，鳥類以台灣藍鵲最具特色。

(十一)阿里山森林遊樂區

◆景色概述／全景景觀

阿里山在嘉義縣境內，東距嘉義市區72公里，為玉山山脈的支脈，由18座大山組合而成，係島內三大林場之一。氣象、地質、地形景觀獨特，其他台灣一葉蘭、吉野櫻、牡丹花與山葵（芥末原料）亦是特色。

◆焦點景觀

祝山鐵路線與眠月鐵路線（需穿越隧道）及行駛其上的小火車。

◆特徵景觀

石猴（達摩岩）。

◆封閉型景觀

穿越熱、暖、溫、寒四帶植物相的登山鐵路、森林。

◆瞬間景觀

雲海、日出、晚霞。

(十二)藤枝森林遊樂區

◆景色概述／全景景觀

藤枝為原住民布農族之部落名，位於高雄市桃源區，面積770公頃，

海拔1,550公尺，氣候涼爽，杉木茂密，有南部溪頭之稱。最高點海拔1,804公尺，是絕佳瞭望台，雲蒸霞蔚，青山翠谷，重巒疊巘，氣象萬千。可遠眺玉山、北大武山、卑南主山、大關山及小關山等高峰，適合登山、健行、賞花、觀蟲、賞鳥等活動。

◆焦點景觀

玉山巔峰的積雪、聳入雲霄的大觀山和小觀山。

◆特徵景觀

六龜警備道遺址、藤枝警備駐在所遺址。

◆瞬間景觀

大武山下雲海、大岡山際彩霞、卑南主山流雲。

(十三)墾丁森林遊樂區

◆景色概述／全景景觀

位於台灣最南端鵝鑾鼻半島之中央地帶，以龜子角熱帶樹木園為遊樂中心，一般稱為墾丁公園[19]。現有熱帶植物千餘種，外國引進325種，其中仙人掌類200餘種，熱帶植物薈萃，種類繁多，林相優美，為台灣島上唯一熱帶植物景觀區。本區可以遠眺墾丁與恆春半島，甚至巴士海峽，獨特而壯觀。區內熱帶森林密布，為珊瑚礁及石灰岩地形，是台灣少見的地質景觀。

◆焦點景觀

一線天、觀海樓與大尖石山。

◆特徵景觀

遍布全區的珊瑚礁奇岩與生長其間的海岸植物相依，綺麗景觀天

---

[19] 墾丁森林遊樂區外有墾丁國家公園涵蓋，內有林試所恆春分所的熱帶植物園，堪稱一處絕佳的渡假勝地。

成。銀葉板根、觀海樓、垂榕谷等。

◆封閉型景觀

在仙洞、銀龍洞等天然石灰岩洞內，有各種石鐘乳及石筍，都是地下水中所溶蝕的碳酸鈣成分凝聚形成，成長緩慢，十分珍貴。

◆瞬間景觀

每年8月到隔年春季，紅尾伯勞、赤腹鷹、灰面鷲、黃鸝等候鳥隨著落山風相繼到臨。

(十四)雙流森林遊樂區

◆景色概述／全景景觀

雙流位於南迴公路屏東縣獅子鄉丹路村壽卡一帶的山中，離楓港13公里，交通便利。本區原為天然林樹種繁多的熱帶季風雨林，後進行林相變更，改種植經濟作物光臘樹[20]。雙流溪流經本區，溪水清澈，河床水淺多為碎石，適合露營與森林浴。白榕和瀑布步道適合健行。

◆焦點景觀

適合溯溪前往的雙流瀑布。

◆特徵景觀

曾是排灣族生活區域，白榕步道上留有其特色建築「龜甲屋」[21]遺址。板根、巨榕、白木林區。

◆瞬間景觀

台灣藍鵲、台灣畫眉、黃裳鳳蝶時而出沒。

---

[20] 又名白雞油，為木犀科梣屬的植物，種在崩塌地、山坡地具有水土保持的作用。

[21] 屋頂為雙坡茅葺頂，牆身構造有竹木與夯土兩類型。

(十五)池南森林遊樂區

◆景色概述／全景景觀

位於花蓮市西南方18公里處鯉魚潭畔的山坡上，居高遠眺鯉魚潭，風景秀麗。人工種植的濕地松遍布山坡，步道蜿蜒曲折其中適合散心。池南國家森林遊樂區設有林業陳列館及伐木機具展示館，戶外保存有早期木材生產時期所使用之大型機組設備，如蒸汽機關車、蒸汽集材機、運材索道制動機、電動吊材機等與台灣珍貴的林業史資料，提供遊客具高度知識性之遊憩體驗。

◆焦點景觀

依山傍水的林業陳列館猶如世外桃源的瓊樓雅築。

◆特徵景觀

火車頭、索道（流籠）[22]、蹦蹦車（目前僅提供靜態展示）。

◆瞬間景觀

東部特有的烏頭翁時常出沒其中，春夏交替期間，「黑翅晦螢」則是池南最常見的黑翅螢火蟲。

(十六)富源森林遊樂區

◆景色概述／全景景觀

位於花蓮縣瑞穗鄉富源村，離花蓮市60公里，離台東縣玉里39公里，交通方便。富源溪（原名蔴子漏溪）貫穿全境，本區栽植大量樟樹，集聚40種以上蝴蝶，故有「蝴蝶谷」之稱，有四通八達的環山步道，適合野餐、露營、戲水、賞景、尋幽訪勝等遊樂活動。

---

[22] 主要是運送人員至海拔2,500米的木瓜山的重要交通工具之一。

◆焦點景觀

龍吟吊橋、富源瀑布、巨岩、溫泉谷。

◆特徵景觀

大片四十年生的樟樹造林地，優美宜人。

◆封閉型景觀

富源溪是秀姑巒溪北側支流，溪床間除了奇石林立外，還有不定點湧出的間歇溫泉，景觀十分奇特，沿溪上溯，呈峽谷地形，有險峻斷崖造成飛瀑景觀。

◆瞬間景觀

台灣藍鵲、台灣畫眉等低海拔鳥種穿梭其間，冬天時青背山雀、黃山雀等，也會來此避寒作客。

(十七)知本森林遊樂區

◆景色概述／全景景觀

位於台灣台東縣卑南鄉溫泉村，台東市西南方25公里為苗圃與造林地。知本溪河床上有多處溫泉，溪流清澈奔放；山巒鵝黃與墨綠色森林茂密，色彩調和。全區面積約110.8公頃，是一片海拔110～650公尺間的熱帶季風雨林。山水景觀是本區特色，適合露營、烤肉、野餐、泡湯、游泳戲水與自然研習等遊樂活動。

◆焦點景觀

橫跨知本溪的80公尺長吊橋、攔砂水壩、苗圃、古樹。

◆特徵景觀

樟樹林及大葉桃花心木林等林木步道，榕蔭步道與七里香步道。

◆封閉型景觀

季風穿林區與水流腳底按摩步道。

◆瞬間景觀

巨大鳳蝶飛舞白榕之間，稀有的朱鸝、東部特有的烏頭翁等等，都是這裡的常客。

◆覆蓋型景觀

樟樹林及榕蔭步道。

◆細部型景觀

百草園花園內有金色鈕扣的六神花、金黃色的芳香萬壽菊等50多種芳香藥草，讓遊客身心靈都能獲得紓放。

(十八)向陽森林遊樂區

◆景色概述／全景景觀

位於台東縣海端鄉利稻村

◆焦點景觀

台灣二葉松、台灣紅榨槭，紅檜混植林區開發之向陽、向松、松濤、松景、松楊等五條步道。

◆特徵景觀

林木以台灣二葉松、紅檜為多，間雜台灣紅榨槭等變色葉闊葉木。

◆封閉型景觀

隕石掉落地表，巨大撞擊後形成的嘉明湖。

◆瞬間景觀

黑長尾雉、帝雉、山雀與日出及雲海。

◆覆蓋型景觀

松濤步道。

◆細部型景觀

小葉鐵角蕨與一些蘭科植物。

二、行政院退除役官兵輔導委員會

2個國家級森林遊樂區：

(一)棲蘭森林遊樂區

◆景色概述／全景景觀

位於宜蘭縣大同鄉太平村棲蘭山區入口，蘭陽溪、多望溪及田古爾溪三川的匯流處，面積70餘公頃，原為棲蘭森林苗圃，青山溪畔，空氣清新，鳥語花香，青山綠水，美景天成，是郊遊、踏青、健身的好場所。

◆焦點景觀

棲蘭森林遊樂區設置有「林業史蹟展示園區」，陳列早期榮民伐木、造材、集材、製材機具，以及林區經營的育苗、造林、水土保持、生態保育、森林遊樂解說等，並有集材操作示範。

◆特徵景觀

沿途遍植各種花草樹木的櫻杏步道及梅桃步道。鄰近的神木園區[23]內原生檜木昂然聳立，生長茂密，有60多棵紅檜與台灣扁柏等巨木。檜木小學堂生態景觀步道位於130線林道1公里處，海拔約1,650公尺，坡度20～40度，步道全長約500公尺，全程步行時間約一小時，目前並未設計成為景點。

---

[23] 台 7 線公路（北橫公路）接 100 線林道 12 公里處，海拔約 1,600 公尺，面積約 16 公頃，又稱馬告神木園區，並非法定公告之森林遊樂區。退輔會用以搭配成為棲蘭與明池森林遊樂區的遊程景點。

◆細部型景觀

遊樂區梯狀苗圃以種植柳杉為主，棲蘭原生植物標本園，種有紅檜、台灣扁柏、巒大杉、台灣肖楠、台灣紅豆杉、烏心石、青楓、楓香、青剛櫟、櫸樹等樹種。

(二)明池森林遊樂區

◆景色概述／全景景觀

位於宜蘭縣大同鄉英士村，又名池端，「明池」是一個建立在高山上的人工湖泊，有「北橫明珠」美譽，面積約3公頃，水草茂密，層峰疊翠，湖光山色相互呼應，因地處雲霧林帶，每日過午後即雲霧飄緲，虛無間猶如人間仙境。

◆焦點景觀

明池苗圃、苔園、蕨園等植物區塊與區內鳥類、蝶類、松鼠、黑天鵝、鴛鴦、綠頭鴨等池中群聚禽類。

◆特徵景觀

秋天季節變色的落羽松、紅檜枯木形成的白木林。

◆封閉型景觀

明池湖泊。

◆細部型景觀

小泰山芬多精森林步道全長2.1公里，漫步原始森林的林間步道，處處可見天然蕨類與藤類等植物，生物相穩定。

三、行政院教育部國立大學

2個國家級森林遊樂區（環境教育中心）：

(一)中興大學惠蓀林場森林遊樂區

◆景色概述／全景景觀

惠蓀林場森林遊樂區屬於中興大學實驗林場，位於南投縣仁愛鄉，介於中央山脈山嶺間。天然林資源豐富，野鳥也多。學生實習館旁的松楓山步道或鄰近的親水步道適合賞景、散步與戲水等遊樂活動。

◆焦點景觀

造型雅致的湯公亭（紀念湯惠蓀校長）與知名的中興咖啡園（產製香味四溢的咖啡）。咖啡園栽種著全台唯一的土產咖啡——中興咖啡，品種為阿拉比卡種咖啡樹。

◆特徵景觀

在一條小溪旁的涉水步道，北港溪畔的青蛙石。

◆封閉型景觀

北港溪再加上支流關刀溪，都具有上游河川旺盛的下切作用與高山深谷縱橫交錯，形成雄偉的峽谷、瀑布、激流等風光。

◆瞬間景觀

野鳥飛舞，台灣藍鵲也多。

◆覆蓋型景觀

山嵐小徑全長約2.4公里，具有豐富的動植物生態以及層層覆蓋的天然原始林相。

◆細部型景觀

櫻花以八重櫻為主，藥用植物園裡可以認識很多平常不常見的植物，杜鵑嶺步道全長約2公里，長滿台灣特有種的埔里杜鵑而得名。

(二)台灣大學溪頭自然教育園區（原森林遊樂區）

◆景色概述／全景景觀

溪頭自然教育園區（溪頭森林遊樂區）位於南投縣鹿谷鄉鳳凰谷山麓，因位於北勢溪源頭而得名，海拔1,150公尺，面積約2,500公頃屬於台大實驗林場，種植紅檜、銀杏、扁柏等珍貴樹種，是一處理想的森林浴場。森林遊樂經營成功，享譽國內外，區內有樹齡近三千年的紅檜神木、柳杉人工林、台灣杉、銀杏林、落羽松、孟宗竹林等植物種類，以及人工飼養的鹿、孔雀、金雞、銀雞、雉雞等動物種類。

◆焦點景觀

溪頭神木、一群白鴿從天而降。

◆特徵景觀

有「公孫樹」別名的銀杏林，約100多株、七層樓高的空中走廊、竹廬與涼亭。

◆封閉型景觀

大學池偶而薄霧飄緲，雲淡風輕之際，更像人間仙境。

◆瞬間景觀

台灣藍腹鷴、帝雉、藪鳥[24]。

◆覆蓋型景觀

氤氳孟宗竹林步道、柳杉林步道。

---

[24]藪鳥身長約 17 公分，屬於體型中型的畫眉鳥。

參考文獻

中國造林事業協會（1989）。《森林的健康學》。中國造林事業協會編印。

李久先（1983）。〈森林遊樂區動線規劃之研究——雲林縣石壁地區實例〉。《台灣經濟》，76期。

李久先、林鴻忠（1989）。〈遊客行為與解說效果評估之研究——以太平山森林遊樂區為例〉。《台灣經濟》，147期。

林文鎮（1988）。〈森林遊樂與國民健康〉。《農委會林業特刊》，第十八號。行政院農業委員會印行。

林文鎮（1991）。〈森林育樂新走向——結合休閒農業的民有林經營〉。《農委會林業特刊》，第三十四號。行政院農業委員會印行。

林文鎮（1997）。〈森林文化（上）〉。《新時代林業特刊》，NO.17。中國造林事業協會編印。

林文鎮（1998）。〈森林文化（中）〉。《新時代林業特刊》，NO.18。中國造林事業協會編印。

林文鎮（2000）。〈綠色新希望——森林保健論〉。《現代育林》，16(1)：19-23。中華造林事業協會。

林文鎮（2000a）。〈森林保健論（上）〉。《新時代林業特刊》，NO.26。中華造林事業協會 編印。

林文鎮（2001）。〈森林保健論（下）〉。《新時代林業特刊》，NO.27。中華造林事業協會 編印

林鴻忠、楊秋霖（2002）。《森林育樂手冊》。行政院農業委員會林務局編印。

陳秋萍（2017）。《你快樂，所以你成功》。譯自Seppala, Emma, *The Happiness Track: How to Apply the Science of Happiness to Accelerate Your Success*。時報文化出版公司。

路統信（1995）。《資源植物與植物園》。中國造林事業協會。

楊知義（1997）。《遊樂景觀之概念建構及設計原則》。國立中興大學森林學研究所未出版博士論文。

楊知義、賴宏昇（2019）。《渡假村開發與營運管理》。揚智文化事業股份有限公司。

楊知義、莊哲仁（2020）。《休憩學概論：理論實務與案例》。五南圖書出版股

份有限公司。

Codes, A. Kathleen & Ibrahim, M. Hilmi (2003). *Applications in Recreation and Leisure: For Today & the Future* (3rd Edition). McGraw-Hill Higher Education.

Douglass, W. Robert (1982). *Forest Recreation* (3rd Edition). Pergamon Press Inc.

Gee, Y. C. (1988). *Resort Development and Management* (2nd Edition). The Educational Institute of AH & MA.

Gee, Y. C., Makens, C. J., & Choy, J. L. D. (1989). *The Travel Industry* (2nd Edition). Van Nestrand Reinhold.

Goodale, L. Thomas & Witt, A. Peter (1985). *Recreation and Leisure: Isssues in an Era of Change* (3rd Edition). Venture Publishing. Inc., State College PA USA.

Gunn, A. Clare (1994). *Tourism Planning: Basics, Concepts, Cases* (3rd Edition). Taylor & Francis Ltd.

Seabrooke, W. & Miles, C. W. N. (1993). *Recreational Land Management* (2nd Edition). E & FN SPON.

Sharpe, W. G., Odegaard, H. C. & Sharpe, F. W. (1983). *Park Management*. John Wiley & Sons, Inc.

Sharpe, W. G., Odegaard, H. C. & Sharpe, F. W. (1994). *A Comprehensive Introduction to Park Management* (2nd Edition). John Wiley & Sons, Inc.

Shiner, W. J. (1986). *Park Ranger Handbook*. Revised Edition Slippery Rock University. Venture Publishing Inc.

休閒遊憩系列

森林遊樂學

作　　者／楊知義
出 版 者／揚智文化事業股份有限公司
發 行 人／葉忠賢
總 編 輯／閻富萍
特約執輯／鄭美珠
地　　址／新北市深坑區北深路三段 258 號 8 樓
電　　話／(02)8662-6826
傳　　真／(02)2664-7633
網　　址／http://www.ycrc.com.tw
E-mail／service@ycrc.com.tw
ISBN／978-986-298-387-4
初版一刷／2021 年 12 月
定　　價／新台幣 380 元

國家圖書館出版品預行編目（CIP）資料

森林遊樂學 = Forest recreation management / 楊知義著. -- 初版. -- 新北市：揚智文化事業股份有限公司, 2021.12

面； 公分（休閒遊憩系列）

ISBN 978-986-298-387-4（平裝）

1.森林遊樂區 2.林業管理

436.718 110018496